"十三五"职业教育国家规划教材

金属加工与实训

（技能模块）

（第2版）

主　编　卢　松　乐　为

副主编　江　瑛　王立云

参　编　陈　飞

主　审　朱仁盛

U0234108

北京理工大学出版社

BEIJING INSTITUTE OF TECHNOLOGY PRESS

内 容 简 介

本书根据教育部最新公布的专业教学标准，同时参考职业资格标准编写而成。《金属加工与实训》分为两大部分：基础常识与技能模块。本册主要介绍技能模块部分，主要内容有模块一钳工实训、模块二车工实训、模块三铣工实训、模块四焊工实训、模块五刨工实训和模块六磨工实训。模块中的每个项目都有项目导引，让学生有一个明确的学习方向；每完成一个任务都有具体要求，要对任务进行分析，培养学生分析、解决实际问题的能力；做好工、量具的准备工作，然后进行实践操作，培养学生的实际动手能力；结束操作后要对任务进行检测与总结，养成质量第一的原则；最后要开展任务拓展，使学生巩固所学知识，并能够运用所学的知识。

本书可作为职业院校机电、机械和数控等专业教学教材，也可作为机电、机械、数控和汽车等相关岗位培训教材。

图书在版编目（CIP）数据

金属加工与实训. 技能模块/卢松，乐为主编. —2版. —北京：北京理工大学出版社，2019.10（2021.7重印）

ISBN 978-7-5682-7832-4

Ⅰ.①金…　Ⅱ.①卢…②乐…　Ⅲ.①金属加工–中等专业学校–教材　Ⅳ.①TG

中国版本图书馆CIP数据核字（2019）第243887号

出版发行 / 北京理工大学出版社有限责任公司

社　　址 / 北京市海淀区中关村南大街5号

邮　　编 / 100081

电　　话 /（010）68914775（总编室）

　　　　　（010）82562903（教材售后服务热线）

　　　　　（010）68948351（其他图书服务热线）

网　　址 / http：//www.bitpress.com.cn

经　　销 / 全国各地新华书店

印　　刷 / 定州市新华印刷有限公司

开　　本 / 787毫米×1092毫米　1/16

印　　张 / 16　　　　　　　　　　　　　　　　责任编辑 / 陆世立

字　　数 / 360千字　　　　　　　　　　　　　　文案编辑 / 陆世立

版　　次 / 2019年10月第2版　2021年7月第2次印刷　责任校对 / 周瑞红

定　　价 / 39.80元　　　　　　　　　　　　　　责任印制 / 边心超

图书出现印装质量问题，请拨打售后服务热线，本社负责调换

前言

FOREWORD

本书是根据教育部最新公布的职业学校数控专业教学标准，同时参考职业资格标准编写而成的，主要介绍钳工实训、车工实训、铣工实训、焊工实训、刨工实训及磨工实训等内容。本书重点强调培养学生分析、解决问题的能力，编写过程中力求体现以下特色：

（1）执行新标准。本书依据最新教学标准和课程大纲要求，在学习好基础知识后，有丰富的操作实训内容，力求使教材实现理论与实践的综合，知识与技能的综合，对接职业标准和岗位需求，促进"学练结合"的教学方法的实施。

（2）以就业为导向，以学生为主体，着眼于学生职业生涯发展，注重学生职业素养的培养，有利于课程教学改革，突出"做中教，做中学"的职业教育特色。

本书在内容处理上体现以下特点：

（1）在每章前给出项目导引，有利于学生在实训过程中抓住重点。

（2）根据项目分解任务，让学生了解任务的要求。

（3）对任务进行分析研究，然后进行实训操作，培养学生分析、解决问题的能力。

（4）在操作结束后进行任务检测和总结，培养学生质量第一的原则，也为学生以后总结所学知识提供经验。

（5）在每个任务后安排了任务拓展，使所学的实践知识得到进一步巩固和拓展。

（6）本书建议实训 8 周，学时为 240 节。其中，车工实训 4 周、钳工实训 2 周、焊工实训 1 周、其他工种实训 1 周。

本书江苏省淮安工业中等专业学校卢松、盐城机电高等职业技术学校乐为任主编，江阴中等专业学校江琰、南京六合中等专业学校王立云任副主编。全书共 6 个模块，乐为承担了模块一、三、四、五的编写工作；江琰承担模块二的编写工作；王立云参编了模块三；卢松承担模块六的编写和统稿工作；东风悦达起亚汽车有限公司的陈飞参与了全书的整理。朱仁盛进行了主审。

由于编者水平有限，书中不妥之处在所难免，恳请读者批评指正。

编 者

目 录
CONTENTS

模块六　磨工实训

参考文献

模块一

钳工实训

项目一

钳工实习设备及工、量具

(1)能够熟练使用钳工实习场地的设备。

(2)能够熟练拆装台虎钳。

(3)学会工、量具的使用。

(4)掌握手锤的制作。

任务一　钳工实习场地设备及拆装台虎钳

🔧 任务要求

(1)了解钳工实习场地主要设备的使用。

(2)学会台虎钳的拆装与保养。

(3)掌握钳工工、量具的摆放。

(4)了解基本安全生产常识。

🔧 任务分析

钳工主要是利用台虎钳、各种手用工具和一些机械、电动工具完成某些零件的加工,部件、机器的装配和调试以及各类机械设备的维护与修理等工作。钳工具有所用工具简单、加工灵活多样、操作方便和适用面广等特点,是机械制造业中不可缺少的重要工种之一。

🔍 任务准备

◉ 一、钳工实习场地及相关设备

钳工实习场地一般分为钳工工位区、台钻区、划线区和刀具刃磨区等区域。各区域由白线分隔，区域之间留有安全通道。图1-1所示为钳工实习场地的平面参考图。

图1-1　钳工实习场地的平面参考图

钳工实习的主要设备如图1-2所示，包括划线平板、平口钳、台虎钳、台钻、砂轮机和钳工台等。

图1-2　钳工实习的主要设备
(a)划线平板；(b)平口钳；(c)台虎钳；(d)台钻；(e)砂轮机；(f)钳工台

划线平板主要用于划线；平口钳用于钻孔时夹持工件；台虎钳用于工作时夹持工件；台钻用于钻孔；砂轮机用于刃磨刀具；钳工台是钳工操作的平台，台虎钳被固定在上面。

二、工、量具的摆放

钳工常用的工具有手锤、钳子、扳手、螺丝刀、錾子、锉刀、手锯、丝锥和扳牙等；常用的量具有钢直尺、游标卡尺、千分尺、百分表和万能角度尺等。工作时，钳工工具一般放置在钳工台上台虎钳的右侧，量具则放置在台虎钳的正前方，如图1-3所示。

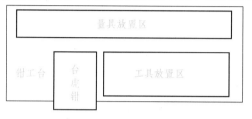

图 1-3 工、量具摆放示意图

具体要求：

（1）量具不得混放。

（2）摆放时，工具的柄部均不得超出钳工台面，以免被碰落而砸伤人员或损坏工具。

任务实施

一、拆卸台虎钳

1. 台虎钳的结构

台虎钳是用来夹持工件的通用夹具，其规格用钳口宽度来表示，常用规格有100 mm、125 mm和150 mm等。台虎钳有固定式和回转式两种，如图1-4所示。

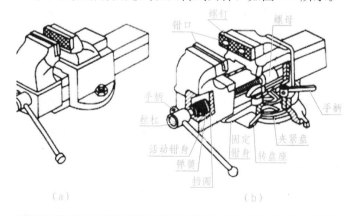

图 1-4 台虎钳

(a)固定式；(b)回转式

回转式台虎钳比固定式台虎钳多了一个底座，工作时钳身可在底座上回转。回转式台虎钳使用方便、应用范围广，可满足不同方位的加工需要。

2. 拆卸维护台虎钳的步骤

拆卸维护台虎钳的步骤如表 1-1 所示。

表 1-1　拆卸维护台虎钳的步骤

步骤	操作内容	备注
1	逆时针转动手柄，拆下活动钳身	
2	拆去螺母上的紧固螺钉，卸下螺母	
3	逆时针转动两个手柄，拆下固定钳身	
4	清除台虎钳各部件上的金属碎屑和油污	固定钳身、螺母和丝杠等
5	检查各部件：挡圈和弹簧是否固定良好；钳口螺钉是否松动；丝杠和螺母的磨损情况；铸铁部件是否有裂纹	发现问题，应立即更换或调整
6	保养各部件：螺母的孔内涂适量凡士林(黄油)，钢件上涂防锈油	

二、组装台虎钳

组装台虎钳的步骤如表 1-2 所示。

表 1-2　组装台虎钳的步骤

步骤	操作内容	备注
1	将固定钳身置于转盘座上，插入两个手柄，顺时针旋转，固定固定钳身	固定钳身上左右两孔应分别对准夹紧盘上的螺孔
2	旋紧螺母上的紧固螺钉，安装螺母	
3	将活动钳身推入固定钳身中，顺时针转动手柄，完成活动钳身的安装	

【任务检测与总结】

1. 任务检测与反馈

对钳工实习场地的设备熟悉情况和拆装台虎钳情况进行检查评价，评分表如表 1-3 所示。

表 1-3　钳工实习场地设备熟悉情况和拆装台虎钳情况评分表

钳工编号：　　　　姓名：　　　　　学号：　　　　　成绩：

序号	检查项目	配分	评分标准	自评结果	互评结果	专检结果
1	钳工实习场地设备	15	熟悉			
2	安全通道	10	熟悉			
3	工、量具的摆放	10	规范、正确			
4	拆卸维护台虎钳	25	规范、正确			

续表

序号	检查项目	配分	评分标准	自评结果	互评结果	专检结果
5	组装台虎钳	25	规范、正确			
6	安全文明生产	10	酌情扣分			
7	其他	5	清洁			

2. 任务总结

(1)任务注意事项。

①工具均平行摆放，并留有一定间隙。

②工作时，量具均平放在量具盒上。

③量具数量较多时，可放在台虎钳的左侧。

④拆装活动钳身时，需要注意防止其突然掉落。

⑤对拆卸后的部件应做检查，损伤部件应及时修复或更换。

⑥维护：针对各移动、转动和滑动部件做清洁和润滑处理。

⑦拆下的部件沿单一方向顺序放置，注意排放整齐；安装时，逆着拆卸时的顺序，后拆的部件先装。

⑧维护保养完成后，必须将工作台打扫干净。

⑨在钳工实习场地中走动，要在安全通道内。

(2)任务完成情况小结(自评)。

【任务拓展练习】

拓展任务：台钻的维护与保养。

(1)在使用过程中，工作台面必须保持清洁。

(2)钻通孔时必须使钻头能通过工作台面上的让刀孔，或在工件下面垫上垫铁，以免钻坏工作台面。

(3)用完后必须将机床外露滑动面及工作台面擦干净，并对各滑动面及各注油孔加注润滑油。

拓展任务准备：台钻、油枪、润滑油和垫铁等钳工常用工具。

任务二 钳工基本量具的使用

任务要求

(1)掌握游标卡尺和千分尺的读数方法。

(2)能够正确使用和保养游标卡尺和千分尺。

任务分析

要保证加工的零件尺寸准确，首先要会使用测量工具，只有测量准确，零件加工尺寸才能得到保障。

任务准备

准备钢直尺、游标卡尺、千分尺和润滑油。

任务实施

一、钢直尺

钢直尺如图 1-5 所示，它是一种简单的测量工具和划直线的导向工具，常用的规格有 150 mm、300 mm 和 1 000 mm。

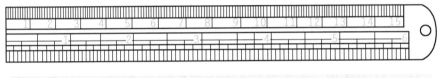

图 1-5　钢直尺

二、游标卡尺

1. 游标卡尺的结构

游标卡尺如图 1-6 所示。游标卡尺是中等精度的量具，可测量工件的外径、孔径、长度、宽度、深度和孔距等尺寸。

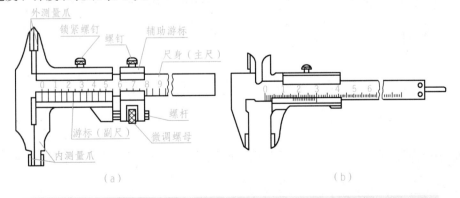

（a）　　　　　　　　　　　　　（b）

图 1-6　游标卡尺
(a)可微动调节游标卡尺；(b)带测深杆的游标卡尺

2. 读数步骤

（1）读出游标上零线前面尺身的毫米整数。

（2）读出游标上与尺身刻线对齐的刻线。

（3）把尺身和游标上的尺寸相加，即测得尺寸，如图 1-7 所示。

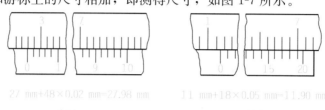

27 mm+48×0.02 mm=27.98 mm　　　11 mm+18×0.05 mm=11.90 mm

（a）　　　　　　　　　　　　　（b）

图 1-7　游标卡尺的读数方法

(a)0.02 mm 游标卡尺读数；(b)0.05 mm 游标卡尺读数

说明：

①游标上 1 小格的读数一般有 0.02(1/50) mm 和 0.05(1/20) mm 两种。

②0.02 mm 游标上所写的数字为小数点后第一位读数。

③0.05 mm 游标上所写的数字为当前的格数，读数时需要用格数乘以 0.05 mm。

3. 游标卡尺的使用

（1）将工件和游标卡尺的测量面擦干净。

（2）校准游标卡尺的零位。

（3）测量时，外测量爪应张开到略大于被测尺寸。

（4）先将尺身量爪贴靠在工件测量基准面上，然后轻轻移动游标，使外测量爪贴靠在工件另一面上，如图 1-8 所示。

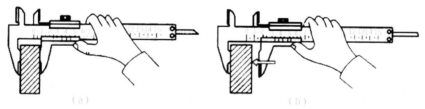

（a）　　　　　　　　　　　　　（b）

图 1-8　游标卡尺的使用方法

三、千分尺

1. 千分尺的结构

千分尺如图 1-9 所示，它是一种精密量具，测量精度比游标卡尺高。对于加工精度要求较高的工件尺寸，用千分尺测量。

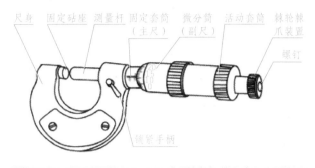

图 1-9　千分尺

2. 千分尺的读数步骤

(1)读出微分筒边缘以外，固定套筒上的毫米数和半毫米数。

(2)看微分筒上哪一格与固定套筒上基准线对齐，并读出不足半毫米的数值。

(3)把两个读数相加，即测得尺寸，如图 1-10 所示。

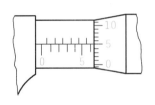
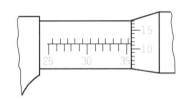

6 mm+0.05 mm=6.05 mm　　　35.5 mm+0.12 mm=35.62 mm

图 1-10　千分尺的读数方法

3. 千分尺的使用

(1)先将工件、千分尺的砧座和测微螺杆的测量面擦干净。

(2)校准千分尺的零位。

(3)测量时可用单手或双手操作，具体方法如图 1-11 所示。

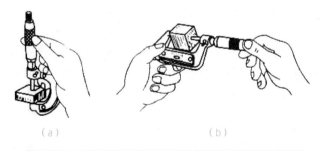

（a）　　　　　　　（b）

图 1-11　千分尺的使用方法

（a）单手操作；（b）双手操作

四、量具的维护和保养

测量前应把量具和工件的测量面擦干净，减少量具磨损，以免影响测量精度。使用时，量具不要和工具、刀具放在一起。使用完毕，应及时擦净、涂油，以免生锈。发现精密量具不正常时，应交送专业部门检修。

【任务检测与总结】

1. 任务检测与反馈

对量具的识读和维护保养进行检查评价，评分表如表1-4所示。

表 1-4　量具的识读和维护保养评分表

钳工编号：　　　　　姓名：　　　　　学号：　　　　　成绩：

序号	检查项目	配分	评分标准	自评结果	互评结果	得分
1	钢直尺识读	10	规范、正确			
2	游标卡尺识读	30	规范、正确			
3	千分尺识读	30	规范、正确			
4	量具维护保养	15	规范、正确			
5	安全文明生产	10	酌情扣分			
6	其他	5	清洁			

2. 任务总结

(1)任务注意事项。

①当千分尺微分筒的边缘紧贴半毫米线时，读数易错。如果微分筒上的读数为"0"以上的较小数字，应判断为半毫米线能读出；如微分筒上的读数为"0"以下的较大数字，表示半毫米线不能被读出。

②游标卡尺与千分尺由于精度、读数效率等方面的差异，一般分别作为半精加工和精加工用的量具。

③千分尺的测量精度是指该千分尺的最小示数，也是微分筒上1小格的读数。千分尺的测量精度为0.01 mm。

④千分尺使用时的旋转力要适当，一般应先旋转微分筒，当测量面快接触或刚接触工件表面时，再旋转棘轮，控制一定的测量力，当棘轮发出"哒""哒"声时，读出读数。

(2)任务完成情况小结(自评)。

【任务拓展练习】

拓展任务：游标卡尺和千分尺的读数训练。

(1)正确读出图1-12所示游标卡尺的示数。图中读错的是(　　)图和(　　)图，应分别为(　　)mm，(　　)mm。

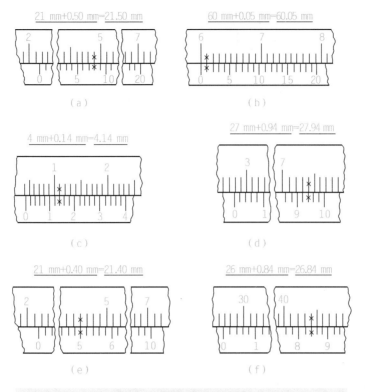

图 1-12　游标卡尺的读数

(2)正确读出图 1-13 中千分尺的示数。图中，读错的是(　　　)图和(　　　)图，应分别为(　　　)mm，(　　　)mm。

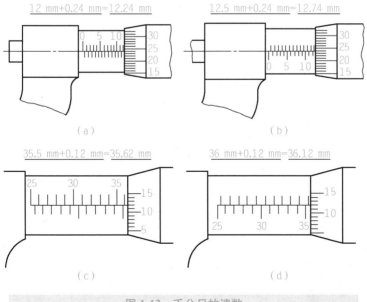

图 1-13　千分尺的读数

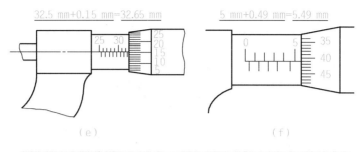

（e）　　　　　　　　　　　　　（f）

图 1-13　千分尺的读数（续）

拓展任务准备：游标卡尺和不同规格的千分尺。

项目二

手锤的制作

项目导引

(1)了解钳工基本操作设备和工、量、刃具。
(2)能够掌握钳工的基本操作技能。
(3)能够制作一个合格的手锤。
(4)培养吃苦耐劳的精神。

任务一 制作锤头

任务要求

(1)初步了解钳工的工作任务和要求。
(2)掌握钳工的划线、锯削和锉削。
(3)学会选用钳工常用的工、量、刃具及设备。
(4)学会台钻的使用。
(5)初步掌握钳工制作工艺制定的方法。

任务分析

根据如图 1-14 所示的锤头零件图，按照其技术要求，正确选用制作锤头所需的工、量、刃具及设备，制定制作工艺，制作出合格的锤头产品。

锤头的制作，其关键技术是划线、锯削和锉削，掌握正确的划线方法和锯削、锉削技术是完成本任务的基础。

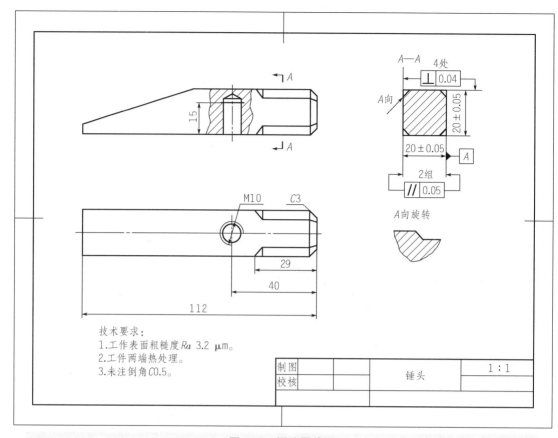

图1-14　锤头零件图

技术要求：
1.工作表面粗糙度Ra 3.2 μm。
2.工件两端热处理。
3.未注倒角C0.5。

制图			锤头	1:1
校核				

任务准备

（1）量具和工具准备：钢直尺、游标卡尺、千分尺、钳工工具及攻螺纹工具等。
（2）原材料准备：45#圆钢（ϕ32×120）。
（3）设备准备：台虎钳、台钻和砂轮机。

任务实施

一、钳工操作基本知识与安全知识的学习

（一）相关知识

1. 准备工作

工作时必须穿好工作服，如图1-15(a)所示，袖口、衣服扣要扣好，要做到三紧（袖口紧、领口紧、下摆紧）。女生不允许穿凉鞋、高跟鞋，且要求戴好工作帽，如图1-15(b)所示。规范

的着装是安全文明生产的要求，也是现代企业管理的基本要求，代表着企业的形象。

（a）　　　　（b）

图 1-15　着装要求

钳工安全操作规程：

（1）工作时必须穿戴防护用品，否则不准上岗。

（2）不得擅自使用不熟悉的设备和工具。

（3）使用电动工具时，插头必须完好，外壳接地，并应佩戴绝缘手套，穿好胶鞋，防止触电。如发现防护用具失效，应立即修补或更换。

（4）多人作业时，必须有专人指挥调度，密切配合。

（5）使用起重机设备时，应遵守起重工安全操作规程。在吊起的工件下面，禁止任何操作。

（6）高空作业必须戴安全帽，系安全带。不准上下投递工具或零件。

（7）易滚易翻的工件应放置牢靠，搬动工件要轻放。

（8）车削前要检查电源连接是否正确，各部分的手柄、行程开关及撞块等是否灵敏可靠，使用的工具、夹具、量具和器具应分类依次排列整齐，常用的放在工作位置附近，但不要置于钳工台的边缘处。精密量具要轻取轻放，工具、夹具、量具和器具在工具箱内应放在固定位置，且应整齐安放。

（9）工作场地应保持整洁。工作完毕，对所使用的工具、设备按要求进行清理及润滑。

2. 钳工基本设备

（1）钳工工作台，又称钳工台或钳台，是钳工专用的工作台，用于安装台虎钳并放置工件和工、量具，如图 1-16 所示。

图 1-16　钳工工作台

（2）台虎钳，其实物如图 1-17 所示。

图 1-17　台虎钳实物

3. 钳工常用工、量、刃具

钳工常用的工、量、刃具如表 1-5 所示。

表 1-5　钳工常用工、量、刃具

名　　称	用　　途	图　　示
划线平台	作为划线基准及检验精度的工具	
手锤	錾削、打样冲眼等常用的工具	
划针	在金属表面上划出凹痕的工具	
划规	用于平面划线	

续表

名 称	用 途	图 示
90°角尺	检验和划线工作中常用的量具	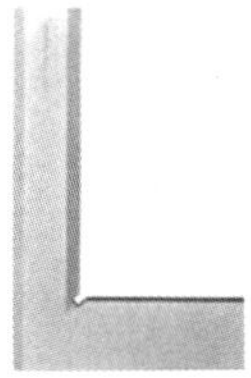
方箱	用于夹持较小的工件	
分度头	主要用于铣床，也常用于钻床和平面磨床，还可放置在平台上供钳工划线用	
游标卡尺	一种测量长度、内外径和深度的量具	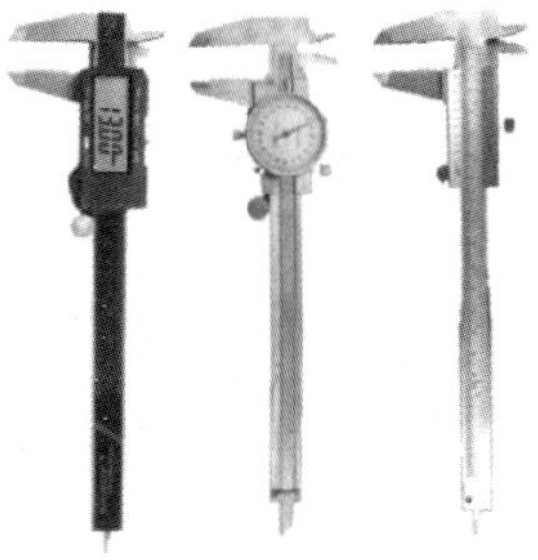
高度游标卡尺	利用游标原理，对测量爪测量面与底座面相对移动分隔的距离进行读数的通用高度测量工具	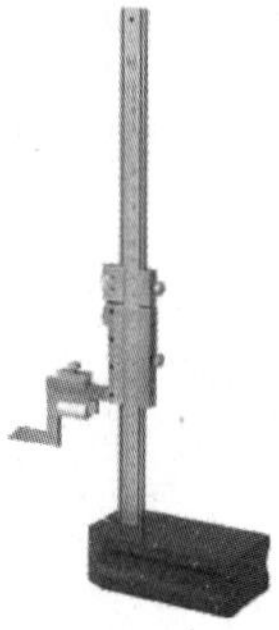

续表

名　称	用　途	图　示
千分尺	比游标卡尺更精密的测量长度的工具	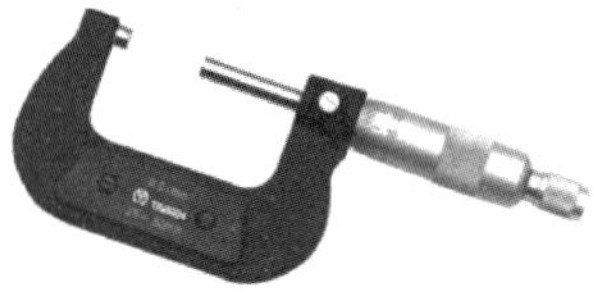
钢直尺	最简单的长度量具	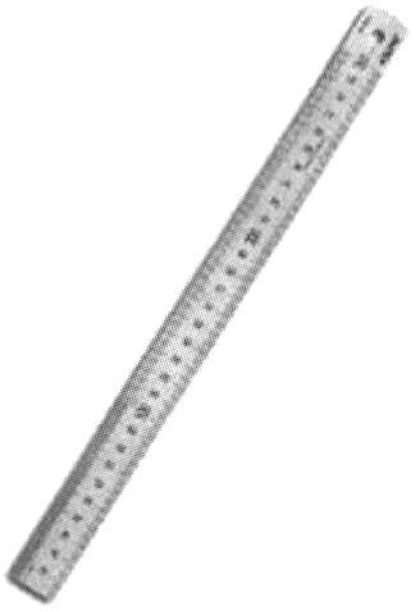
手锯	主要用于锯断金属材料（或工件）或在工件上进行切槽	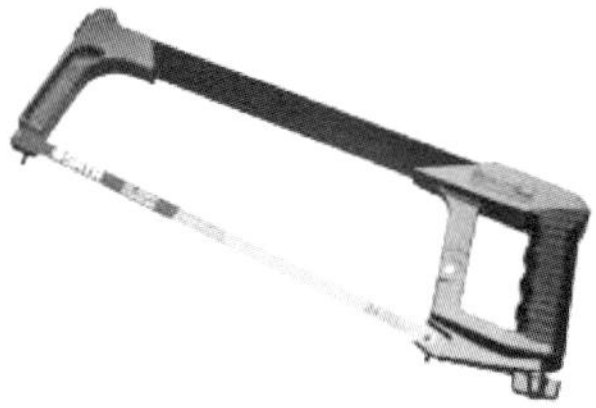
锉刀	主要用来对金属、木料和皮革等工件表面层做微量加工	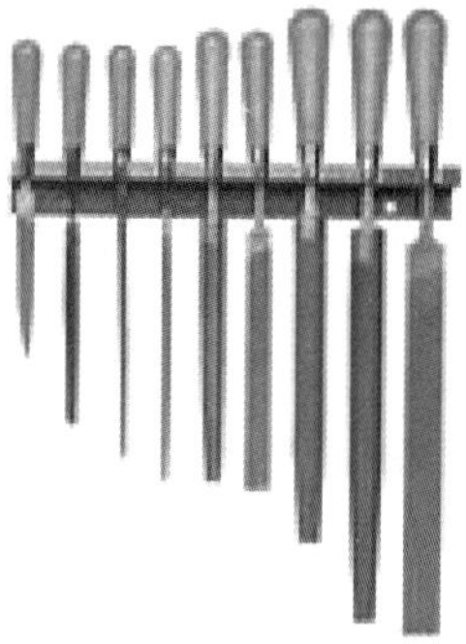
样冲	用来在工件的划线上打出样冲眼	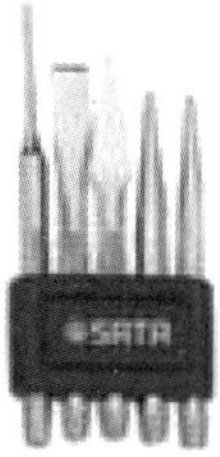

续表

名　称	用　途	图　示
錾子	用于錾削大平面、薄板料和清理毛刺等	
台虎钳	利用螺杆或某机构使两钳口做相对移动而夹紧工件	
平口钳	一种通用夹具，常用于安装小型工件	
万能角度尺	利用游标读数原理来直接测量工件角或进行划线的一种角度量具	

4. 钳工的主要工作

钳工是机加工的基础工种，主要包括以下工作。

(1)加工零件。一些采用机械方法不适宜或不能解决的加工，通常可以由钳工来完成，如零件加工过程中的划线、精密加工以及检验和修配等。

(2)装配。把零件按机械设备的各项技术要求进行组件、部件装配和总装配，并经过调整、检验和试车等，使之成为合格的机械设备。

(3)设备维修。当机械设备在使用过程中产生故障、出现损坏或长期使用后精度降低而影响使用时，也要通过钳工进行维护和修理。

(4)工具的制造和修理。制造和修理各种工具、夹具、量具和模具等。

(二)操作步骤

钳工操作基本知识与安全知识学习步骤如表 1-6 所示。

表 1-6 钳工操作基本知识与安全知识学习步骤

操作步骤	操作方法图示	心 得
参观优秀钳工作品		
参观钳工实习场地		
学习安全文明生产基本要求及实习场地规章制度	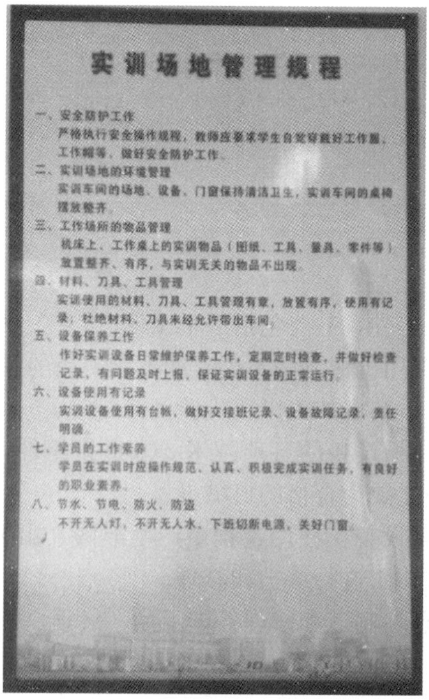	

1. 划线基准的类型

划线作为加工中的第一道工序，在选用划线基准时，应尽可能使划线基准与设计基准重合，以避免相应的尺寸换算，也可以减少加工过程中因基准不重合而产生的误差。划线基准一般有三种类型，如表 1-7 所示。

表 1-7 划线基准的类型

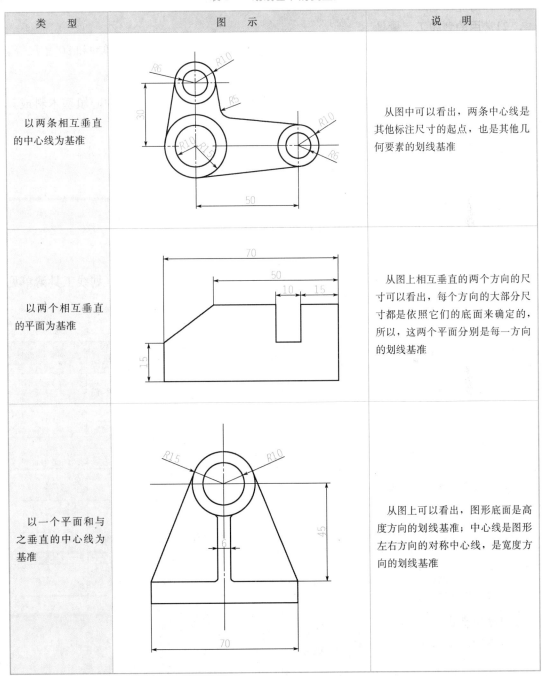

类 型	图 示	说 明
以两条相互垂直的中心线为基准		从图中可以看出，两条中心线是其他标注尺寸的起点，也是其他几何要素的划线基准
以两个相互垂直的平面为基准		从图上相互垂直的两个方向的尺寸可以看出，每个方向的大部分尺寸都是依照它们的底面来确定的，所以，这两个平面分别是每一方向的划线基准
以一个平面和与之垂直的中心线为基准		从图上可以看出，图形底面是高度方向的划线基准；中心线是图形左右方向的对称中心线，是宽度方向的划线基准

2. 划线的种类及工、量具

1）划线的种类

平面划线：只需在工件的一个平面上划线后即能明确表示出加工界线的划线方法，称为平面划线。

立体划线：需要在工件上几个不同角度的表面上划线才能明确表示出加工界线的划线方法，称为立体划线。

2）常用的划线工、量具

常用的划线工、量具包括划线平台、划针、划规、高度游标卡尺、样冲和90°角尺等。

3. 划线的具体操作步骤

（1）划线前的准备工作：对工件或毛坯进行清理、涂色及在工件孔中心填塞木料或其他材料。

（2）分析图纸，确定划线基准与划线的先后次序。

（3）根据基准检测毛坯，确定是否需要找正或借料。

（4）选择合适的划线工、量具。

（5）按确定的划线次序划线。

（6）复核划线的正确性，包括尺寸、位置等。

4. 手锤的划线

如图 1-14 所示锤头零件图，根据图样上所标注的尺寸，用划线工具（划线工具清单见表 1-8）在毛坯上划出手锤的加工界线。

表 1-8　划线工具清单

名　　称	规　　格	精　　度	数　　量
高度游标卡尺	0～300 mm	0.02 mm	1
钢直尺	0～150 mm	—	1
90°角尺	100 mm×63 mm	一级	1
手锤	—	—	1
样冲	—	—	1
划针	—	—	1
划规	—	—	1

1）操作步骤

具体操作步骤如表 1-9 所示。

表 1-9 手锤划线加工操作步骤

操作步骤	操作方法图示或说明	所用工具	自检
准备工作	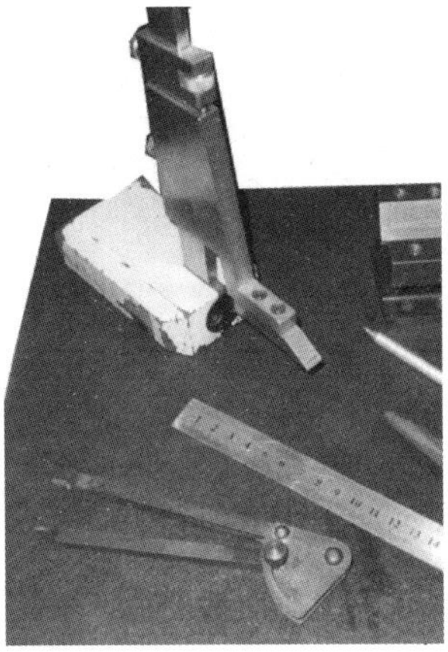		
检查毛坯	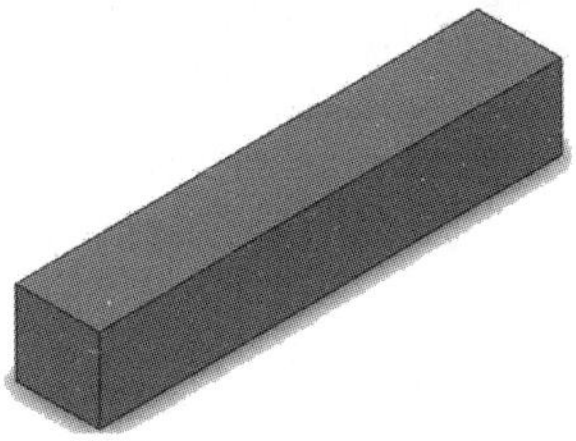	游标卡尺、万能角度尺	
以底面 A 为基准划线	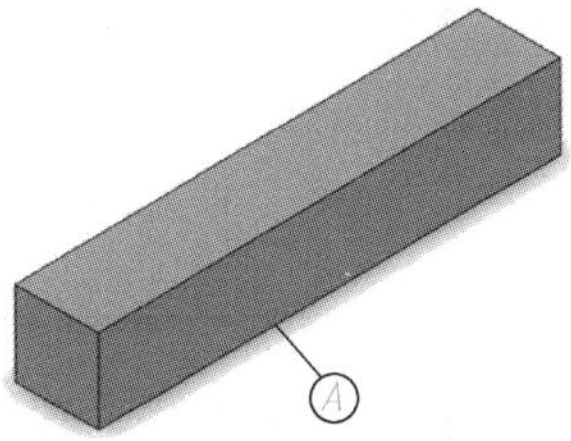	高度游标卡尺	
以 B 面为基准划线	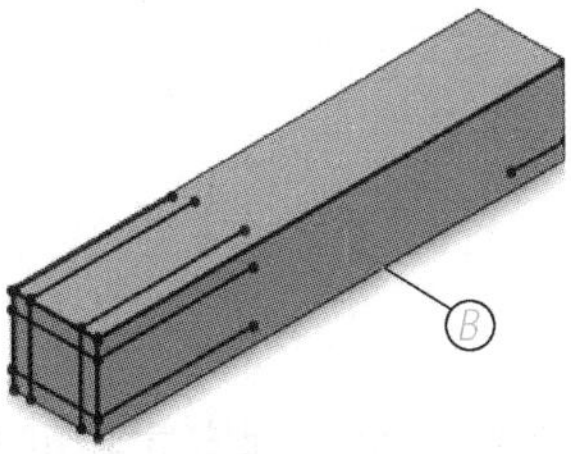	高度游标卡尺	
以 C 面为基准划线	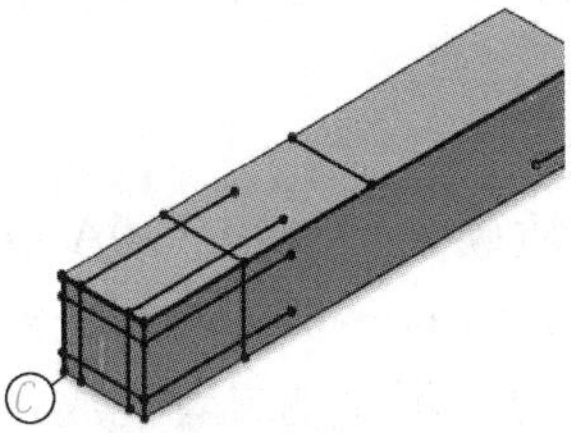	高度游标卡尺	

操作步骤	操作方法图示或说明	所用工具	自检
连线	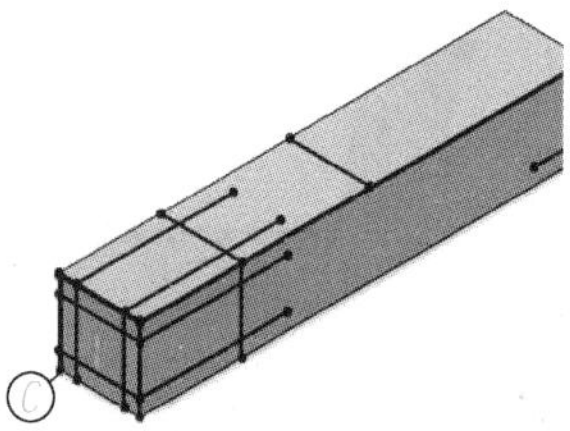	钢直尺、划针	

2)检测与反馈

锤头划线的质量评价,评分表如表 1-10 所示。

表 1-10　锤头划线质量评分表

钳工编号:　　　　　姓名:　　　　　学号:　　　　　成绩:

序号	检查项目	配分	评分标准	自检结果	互检结果	专检结果
1	线条	20	规范、清晰			
2	尺寸	30	规范、正确			
3	斜线	20	规范、正确			
4	工具选择	10	规范、正确			
5	工、量具摆放	10	酌情扣分			
6	着装	10	规范			

二、锤头的锯削

用手锯对材料或工件进行切断或切槽的加工方法,称为锯削,又称锯割。锯削是钳工操作的基本技能之一,其加工范围包括锯断各种原料或半成品、锯除工件上多余部分及在工件上切槽。

1. 手锯

手锯由锯弓和锯条组成。

1)锯弓

锯弓(见图 1-18)是用来张紧锯条的,分为固定式和可调式两种。固定式锯弓的长度不能调整,只能安装单一规格的锯条;可调式锯弓可安装不同规格的锯条,应用广泛。

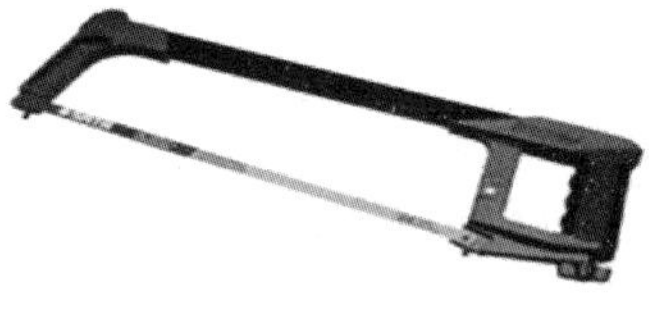

2)锯条

(1)锯条的材料。锯条常用优质碳素工具钢 T10A 或 T12A 制成,经热处理后硬度可达 HRC60～64,与制造锉刀的材料一样。因此,平时在操作时,不要把二者混放在一起,更不要叠放,以免产生相对摩擦而造成相互损伤。

图 1-18　锯弓

另外，高速钢也用来制作锯条，具有更高的硬度、更好的韧性和更高的耐热性，但成本要比普通锯条高出许多。

（2）锯条的规格。锯条的规格主要包括长度和齿距。

长度是指锯条两端安装孔的中心距，一般有 100 mm、200 mm 和 300 mm 几种，钳工实习常用的是 300 mm 长度规格的锯条。

齿距是指两相邻齿对应点的距离。按照齿距大小，锯条可分为粗、中、细三种规格，如表 1-11 所示。

表 1-11　锯条规格及应用场合

锯齿粗细	齿距/mm	应用场合
粗	1.81	锯削铜、铝等软材料
中	1.40	锯削普通钢、铸铁等中等硬度材料
细	1.00	锯削硬板料及薄壁管子

2. 锯削的操作

1）锯条的安装

锯条安装应注意两个问题：一是锯齿向前，如图 1-19 所示，只有锯齿向前才能正常切削；二是锯条松紧适当，太松或太紧都易使锯条崩断，安装好后应无扭曲现象，锯条平面与锯弓纵向平面应在同一平面内或互相平行的平面内。

2）工件的夹持

（1）工件尽量夹在台虎钳钳口的左边，以便操作。

（2）工件伸出钳口的距离不要太长，以约 20 mm 为宜，否则工件容易颤动，形成噪声。

（3）所划锯缝线应尽可能垂直于水平面。

（4）工件要夹持牢固，但要避免将工件夹变形或夹坏已加工表面，必要时可垫一软钳口。

3）锯弓的握法

握持锯弓时，手臂自然舒展，右手握稳锯柄，左手在锯弓的前端，握柄手臂与锯弓成一直线，如图 1-20 所示。锯削时右手施力，左手压力不要太大，主要是协助右手扶正锯弓，身体稍微前倾，回程时手臂稍向上抬，在工件上滑回。

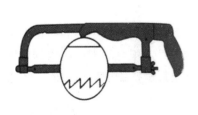

图 1-19　锯条安装

图 1-20　锯弓的握法

4）起锯

起锯是锯削工作的开始，起锯质量的好坏直接影响锯削质量。起锯的方式有近起锯和远起锯两种，如图 1-21 所示。一般情况下采用远起锯，因为采用这种方法锯齿不易被卡住。

5）锯削姿势

锯削时的站立及身体的摆动角度与锉削姿势一样，如图 1-22 所示。

（a） （b）

图 1-21　起锯

(a)近起锯；(b)远起锯

图 1-22　锯削姿势

6）锯削运动方式

推锯时，锯弓运动方式有两种：一种是直线运动，另一种是锯弓小幅度上下摆动。

（1）直线往复操作。

推锯时，身体略向前倾，自然地压向锯弓，当推进大半行程时，身体随手推动锯弓，准备回程。回程时，左手应把锯弓略微向上抬起，让锯条在工件上轻轻滑过，让身体回到初始位置。在整个锯削过程中，应保持锯缝平直，如有歪斜应及时校正。这种操作方式适用于加工薄形工件及直槽。

（2）摆动式操作。

推锯时，锯弓可上下小幅度摆动，这种操作便于缓解手的疲劳。

7）锯削压力

锯削时的推力和压力主要由右手控制，左手所加压力不要太大，主要起扶正锯弓的作用。手锯在回程中不施加压力，以免磨损锯齿。手锯推进时，压力的大小应根据所锯工件材料的性质来定：锯削硬材料时，压力应大些，但要防止打滑；锯削软材料时，压力应小些，防止切入过深而产生"咬住"现象。

8）锯削频率

锯削频率以每分钟 20～40 次为宜，锯削软材料时可快些，硬材料时要慢些。频率过快，锯条容易磨损，过慢则效率不高，必要时可加水或乳化液进行冷却，以减少锯条的磨损。

3. 锤头的锯削

按照所划加工界线进行锤头锯削，锯削时必须留一定的余量，防止锯歪，并应锯线的外边一侧。应先锯直面，后锯斜面。

1）操作步骤

具体操作步骤如表 1-12 所示。

表 1-12　锤头锯削操作步骤

操作步骤	操作方法图示	所用工具	自检
准备工作	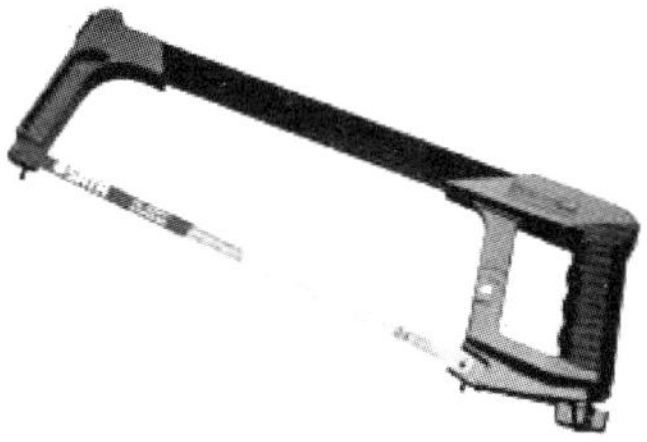	手锯	
锯削 112 mm 长度尺寸，留 0.5 mm 锉削余量	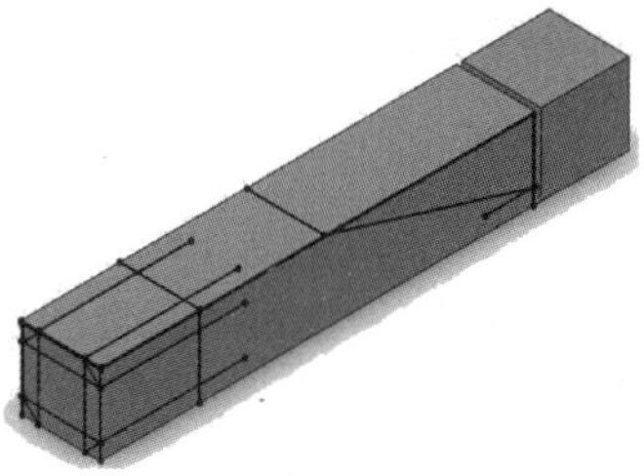	手锯	
锯削斜面，留 0.5 mm 锉削余量	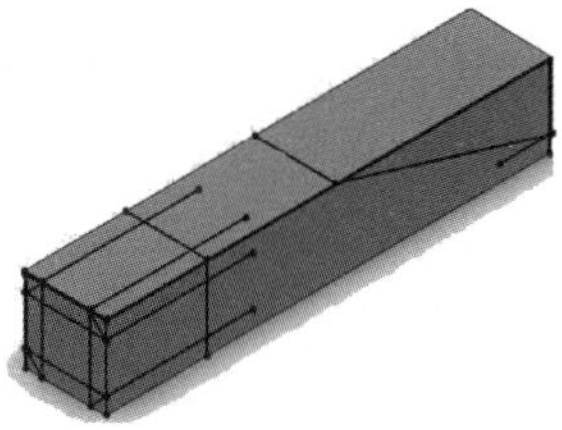	手锯	
锯削倒角，留 0.5 mm 锉削余量	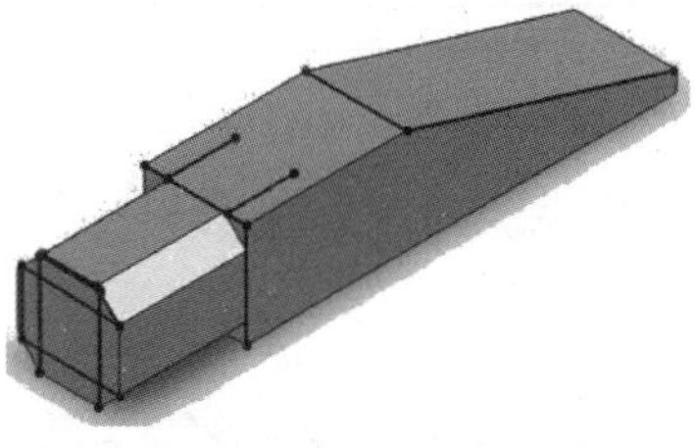	手锯	

2）检测与反馈

锤头锯削质量的评价，评分表如表 1-13 所示。

表 1-13 锤头锯削质量评分表

钳工编号： 姓名： 学号： 成绩：

序号	检查项目	配分	评分标准	自评结果	互评结果	专检结果
1	锯削直线	20	规范、正确			
2	锯削斜面	30	规范、正确			
3	锯削尺寸	20	规范、正确			
4	操作过程	15	规范、正确			
5	安全文明生产	10	酌情扣分			
6	其他	5	清洁			

三、锤头的锉削

锉刀对工件表面进行切削加工，使工件达到所要求的尺寸、形状和表面粗糙度，这种操作方法称为锉削。锉削一般是锯削或錾削的后续加工，是一种较基本的操作方法，应用十分广泛。

1. 锉刀

锉刀是锉削的主要工具，常用碳素工具钢 T12、T13 制成，并经热处理淬硬至HRC62～67。锉刀较脆、易断，使用过程中应注意保护。

1）锉刀的结构

锉刀由锉身和锉柄两部分组成，其结构如图 1-23 所示。锉刀面是锉削的主要工作面，一般锉刀面的前端做成凸弧形，其作用是便于锉削工件平面的局部。锉刀边是指锉刀的两侧面，有些其中一边有齿，另一边无齿，这样在锉削内直角工件时，可保护另一相邻的面。锉刀舌用来装锉刀柄。

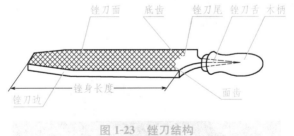

图 1-23 锉刀结构

2）锉刀的种类

锉刀按用途的不同，可分为普通锉刀、整形什锦锉刀和异形特种锉刀。

普通锉刀按其截面形状，分为平锉、半圆锉、方锉、三角锉和圆锉 5 种，如表 1-14所示。

表 1-14　锉刀种类

名称	截面形状	应用实例
平锉		
半圆锉		
方锉		
三角锉		
圆锉		

异形特种锉刀用来加工工件的特殊表面，有刀口锉、菱形锉、扁三角锉、圆肚锉和椭圆锉等几种，如图 1-24 所示。

整形什锦锉刀又叫什锦锉或组锉，因分组配备各种断面形状的小锉而得名，主要用于修整工件上的细小部分，如图 1-25 所示。

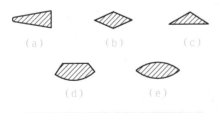

（a）　　　（b）　　　（c）

（d）　　　（e）

图 1-24　异形特种锉刀
（a）刀口锉；（b）菱形锉；（c）扁三角锉；
（d）圆肚锉；（e）椭圆锉

图 1-25　整形什锦锉刀

3）锉刀的选用

每种锉刀都有一定的功用，如选择不合理，将直接影响锉削的质量。选择锉刀的原则如下：

（1）根据被锉削工件表面形状选用锉刀。锉刀形状应适应工件加工表面。

（2）根据工件材料的性质、加工余量的大小、加工精度和表面粗糙度要求选择合适的锉刀。

2. 锤头的锉削

1）锉削步骤

锤头锉削可分成三步进行，第一步为粗锉，锉削后留 0.5 mm 左右的加工余量；第二步为细锉，保证各加工尺寸精度、表面粗糙度和几何公差；第三步为去毛刺，检查各加工尺寸精度、表面粗糙度和几何公差。锤头锉削的具体操作步骤如表 1-15 所示。

表 1-15　锤头锉削的操作步骤

操作步骤	操作方法图示	所用工具	自检
准备工作	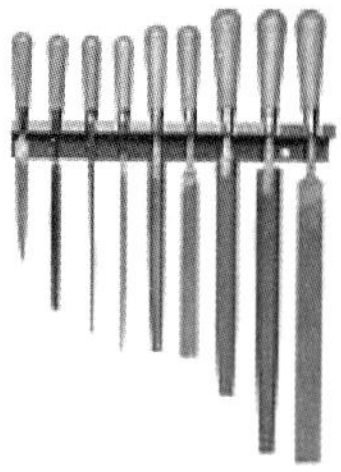		
以 A 面为基准面粗、精加工上表面，保证(20±0.05)mm 尺寸	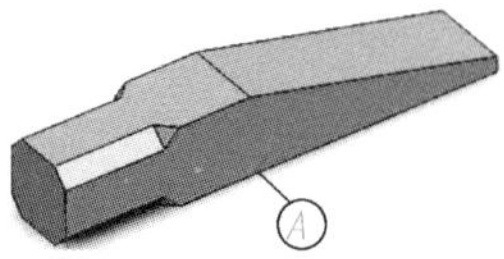	粗齿锉、中齿锉、细齿锉	
以 B 面为基准面粗、精加工侧面，保证(20±0.05)mm 尺寸	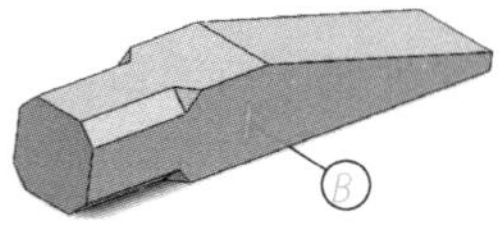	粗齿锉、中齿锉、细齿锉	
锉削斜面，保证 58 mm 和 4 mm 两个尺寸	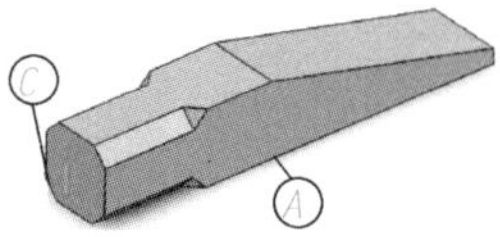	粗齿锉、中齿锉、细齿锉	
以 C 面为基准面粗、精加工錾口部分，保证 112 mm 尺寸	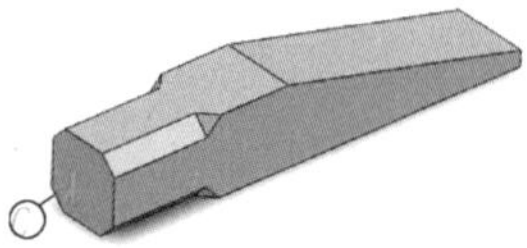	粗齿锉、中齿锉、细齿锉	
粗精加工倒角	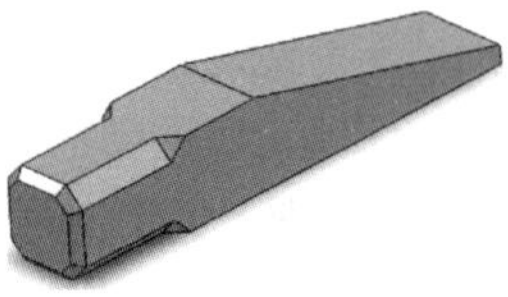	粗齿锉、中齿锉、细齿锉	

2）检测与反馈

锤头锉削的质量评价，评分表如表 1-16 所示。

表 1-16 锤头锉削质量评分表

钳工编号： 姓名： 学号： 成绩：

序号	检查项目	配分	评分标准	自评结果	互评结果	得分
1	(20±0.05)mm（2 处）	20	规范、正确			
2	58 mm	5	规范、正确			
3	4 mm	5	规范、正确			
4	112 mm	5	规范、正确			
5	C3 倒角	5	规范、正确			
6	⊥ 0.04 （4 处）	20	规范、正确			
7	∥ 0.05 （2 处）	10	规范、正确			
8	$Ra\ 3.2\ \mu m$（12 处）	20	正确			
9	安全文明生产	5	酌情扣分			
10	其他	5	清洁			

四、锤头的孔加工

孔加工是钳工重要的操作技能之一。按孔加工的操作方法、孔的形状及精度要求，通常分为钻孔、扩孔、锪孔和铰孔。用麻花钻在实体材料上加工出孔的方法，称为钻孔。用扩孔刀具对工件上原有的孔进行扩大加工的方法，称为扩孔。用锪钻在孔口表面锪出一定形状的加工方法，称为锪孔。用铰刀从工件孔壁上切除微量金属层，以获得较高的尺寸精度和较小的表面粗糙度值，称为铰孔。

1. 钻孔设备及使用方法

1）台式钻床

台式钻床如图 1-26 所示，主要由工作台、立柱、升降机构、主轴、变速机构、进给机构、皮带张紧机构、电动机和控制开关组成。其优点是机构简单，操作方便；缺点是使用范围小，通常只能安装直径为 13 mm 以下的测直柄钻头。

2）手电钻

手电钻是以交流电源或直流电源为动力的钻孔工具，是手持式电动工具的一种，如图 1-27 所示。其特点是销售量大，使用方便，应用广泛。手电钻主要由钻夹头、输出轴、齿轮、转子、定子、机壳、开关和电缆线组成。

图 1-26 台式钻床

3)麻花钻

麻花钻是钳工孔加工的主要刀具，一般由碳素工具钢或高速钢制成。

麻花钻由柄部、颈部和工作部分组成，如图 1-28 所示。

图 1-27　手电钻　　　　　　　　　　　　图 1-28　麻花钻

（1）柄部：钻头的夹持部分，用来传递扭矩和轴向力。柄部分直柄和锥柄两种，由于扭矩较大时，直柄容易打滑，通常直径小于 12 mm 的钻头做成直柄，大于 12 mm 的钻头做成莫氏锥柄。

（2）颈部：刀体与刀柄的连接部分，在麻花钻制造过程中起退刀槽的作用。通常将麻花钻的规格、材料和商标标记在此处。

（3）工作部分：包括导向部分和切削部分，分别起导向和切削作用。

①导向部分：用来引导钻头正确地钻孔方向，又是钻头切削部分的备用部分。它有两条形状相同的螺旋槽，其作用是形成主切削刃的前角，并有容屑、排屑和输送冷却液的作用。为了减少钻头与孔壁的摩擦，导向部分的外缘处制成两条棱带，在直径上略有倒锥。

②切削部分：由两条主切削刃和一条横刃组成。切削部分的各几何要素如图 1-29 所示。

图 1-29　麻花钻切削部分的结构

2. 工件的装夹

在钻孔时，为保证钻孔的质量和安全，应根据工件的不同形状和切削力的大小，采用不同的装夹方法。

（1）外形平整的工件可用平口钳（台虎钳）装夹，如图 1-30 所示。

（2）圆柱形工件可用 V 形铁装夹，如图 1-31 所示。

（3）较大工件且钻孔直径在 12 mm 以上时，可用压板夹持的方法装夹。压板如图 1-32 所示。

（4）薄板或小型工件可用手虎钳夹持。手虎钳如图 1-33 所示。

（5）圆柱形工件端面上钻孔可用三爪卡盘进行装夹。三爪卡盘如图 1-34 所示。

图 1-30 台虎钳装夹工件

图 1-31 V形铁

图 1-32 压板

图 1-33 手虎钳

图 1-34 三爪卡盘

3. 钻孔的方法

1) 起钻

钻孔前，应在工件钻孔中心位置用样冲冲出样冲眼，以便找正。钻孔时，先使钻头对准钻孔中心轻钻出一个浅坑，观察钻孔位置是否正确，如有误差，及时校正，使浅坑与中心同轴。

2) 手动进给操作

(1) 当起钻达到钻孔位置要求后，即可进行钻孔。

(2) 进给时用力不可太大，以防钻头弯曲，使钻孔轴线歪斜。

(3) 钻深孔或小直径孔时，进给力要小，并经常退钻排屑，防止切屑阻塞而折断钻头。

(4) 孔即将钻通时，进给力必须减小，以免进给力突然过大而造成钻头折断，或使工件随钻头转动而造成事故。

4. 钻孔切削液的选用

钻孔时应加注足够的切削液，以达到钻头散热、减少摩擦、消除积屑瘤、降低切削阻力、提高钻头寿命及改善孔的表面质量的目的。钻孔时所用切削液可参照表1-17选用。

表 1-17 钻孔时切削液的选用

工件材料	适用切削液
各类结构钢	3%～5%乳化液或7%硫化乳化液
不锈钢、耐热钢	3%肥皂水加2%亚麻油水溶液或硫化切削油

5. 锤头的钻孔

1) 锤头钻孔的操作步骤

用平口钳夹紧工件，先在样冲眼处钻一浅坑，观察孔的位置是否正确，并不断校正，使浅坑与划线圆同轴，手动进给，直至钻到要求深度。具体操作步骤如表1-18所示。

表1-18 锤头钻孔操作步骤

操作步骤	操作方法图示	所用工具	自检
准备工作		台虎钳	
划出孔位置线	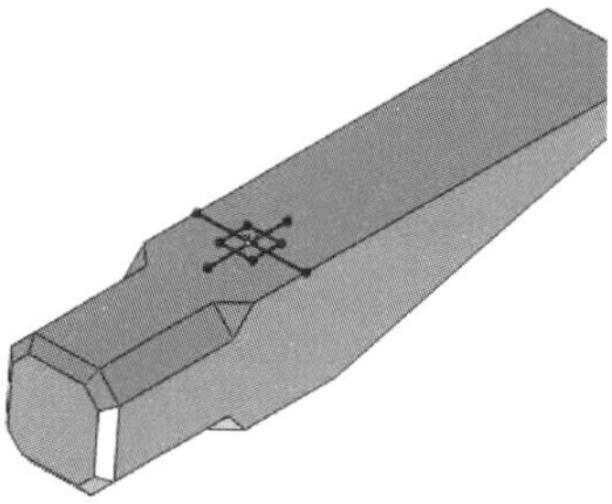	高度游标卡尺	
打样冲眼	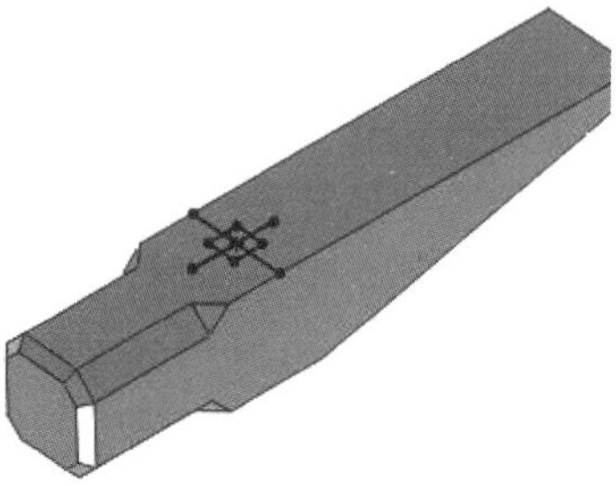	样冲、手锤	
钻 $\phi8.7$ mm 的孔	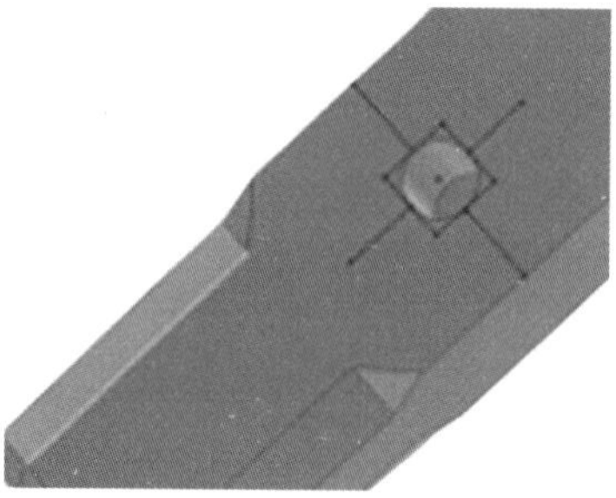	钻床、钻头	

2)检测与反馈

锤头钻孔的质量评价，评分表如表1-19所示。

表 1-19　锤头钻孔质量评分表

钳工编号：　　　　　姓名：　　　　　学号：　　　　　成绩：

序号	检查项目	配分	评分标准	自评结果	互评结果	得分
1	划线、打样冲眼	20	规范、正确			
2	孔径	30	规范、正确			
3	40 mm 尺寸	25	正确			
4	正确选用工、量、刃具	10	规范、正确			
5	安全文明生产	10	酌情扣分			
6	其他	5	清洁			

五、锤头的螺纹加工

螺纹连接是机械设备中最常见的一种可拆卸的固定连接方式，它具有结构简单、连接可靠、拆装方便等优点。对于小直径、一般精度要求的内螺纹，通常由钳工来加工完成。内螺纹加工是钳工技能训练的重要内容之一，用丝锥在工件孔中切削出螺纹的加工方法称为攻螺纹，又称攻丝。

1. 攻螺纹所用工具

1）丝锥

丝锥如图 1-35 所示，它是一种成形多刃刀具，可分为手用丝锥、机用丝锥及管螺纹丝锥等类型。手用丝锥常用合金工具钢 9SiCr 制作，机用丝锥常用高速钢 W18Cr4V 制作。

（1）丝锥的结构。丝锥的结构如图 1-36 所示。丝锥由工作部分（包括切削部分和校准部分）和柄部组成。丝锥沿轴向开有几条容屑槽，以形成切削部分锋利的切削刃，起主要切削作用。切削部分前端磨出切削锥角，使切削负荷分布在几个刀齿上，切削省力，便于进入。丝锥校准部分有完整的牙型，用来修光和校准已切出的螺纹，并引导丝锥沿轴向前进。丝锥柄部有方榫，用来夹持并传递扭矩。

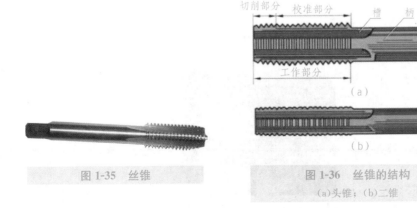

图 1-35　丝锥　　　　　图 1-36　丝锥的结构
(a)头锥；(b)二锥

（2）成组丝锥切削用量分配。为了减少切削力和延长丝锥使用寿命，一般将整个切削工作量分配给几支丝锥来承担。

通常 M6～M24 的丝锥每组有两支；M6 以下及 M24 以上的丝锥每组有三支；细牙丝锥为两支一组。成组丝锥中，对每支丝锥切削量的分配有以下两种方式。

①锥形分配法。即一组丝锥中，每支丝锥的大径、中径和小径都相等，切削部分的切削锥角及长度不等。锥形分配切削量的丝锥也叫等径丝锥。当攻制通孔螺纹时，用头锥一次切削即可加工完毕，二锥、三锥则用得较少。一组丝锥中，每支丝锥的磨损很不均匀，由于头锥经常攻削，变形严重，加工表面粗糙。一般 M12 以下的丝锥采用锥形分配法。

②柱形分配法。头锥、二锥的大径、中径和小径都比三锥小；头锥、二锥的中径相同，大径不相同，头锥大径小，二锥大径大。柱形分配切削量的丝锥也叫不等径丝锥。这种丝锥的切削量分配比较合理，三支一套的丝锥按 6∶3∶1 分担切削量，两支一套的丝锥按 7.5∶2.5 分担切削量，切削省力，各锥磨损量差别小，使用寿命长。一般 M12 以上的丝锥采用柱形分配法。

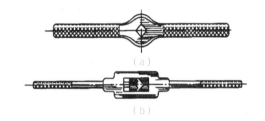

图 1-37　普通铰杠
(a)固定式；(b)活动式

2) 铰杠

铰杠是手工攻螺纹时用来夹持丝锥的工具，分普通铰杠和丁字铰杠两种。常用的普通铰杠如图 1-37 所示。

铰杠的方孔尺寸和手柄长度都有一定的规格，使用时应根据丝锥尺寸的大小，按表 1-20 合理选用。

表 1-20　铰杠规格与丝锥尺寸范围

铰杠规格/mm	150	225	275	375	475	600
丝锥尺寸范围	M5～M8	>M8～M12	>M12～M14	>M14～M16	>M16～M22	M24

2. 攻螺纹练习的步骤和方法

攻螺纹的步骤如表 1-21 所示。

表 1-21　攻螺纹步骤

步　骤	图　示	说　明
钻底孔		用麻花钻钻底孔

步　骤	图　示	说　明
倒角	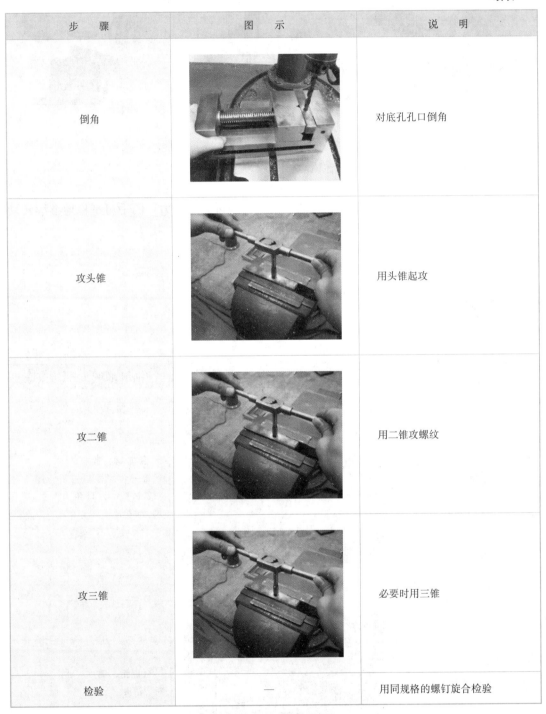	对底孔孔口倒角
攻头锥		用头锥起攻
攻二锥		用二锥攻螺纹
攻三锥		必要时用三锥
检验	—	用同规格的螺钉旋合检验

　　(1)用头锥起攻，起攻时，右手握住铰杠中间，沿丝锥轴线方向用力加压，左手与之配合将铰杠顺向旋进；或用两手同时握住铰杠的两端均匀施加压力，保持丝锥中心与底孔中心重合的同时做顺时针转动。当丝锥攻入 1～2 圈时，可目测或用角尺前、后、左、右检测丝锥与工件是否垂直，并不断校正直至达到要求。攻螺纹的过程如图 1-38 所示。

（a） （b） （c）

图 1-38 攻螺纹过程

（a）起攻方法；（b）检查方法；（c）攻制过程

（2）当丝锥切削部分进入工件 2～3 圈后，则无须再施加压力，两手可平稳地继续转动铰杠，并要经常倒转 1/4～1/2 圈，使切屑碎断、排出，以减少阻力。

（3）攻好后可从上或下旋出丝锥。

3. 锤头的攻丝

1）锤头的攻丝步骤

锤头攻丝的具体操作步骤如表 1-22 所示。

表 1-22 锤头攻丝步骤

操作步骤	操作方法图示	所用工具	自检
准备工作		台虎钳、铰杠、丝锥一套、铜皮一对、钻头、刀口角尺、油枪	
钻底孔 φ8.7 mm		台虎钳、铜皮一对、钻头	

操作步骤	操作方法图示	所用工具	自检
起攻螺纹孔		台虎钳、铰杠、丝锥一套、铜皮一对、油枪	
检测垂直度		台虎钳、丝锥一套、铜皮一对、刀口角尺	
加润滑油	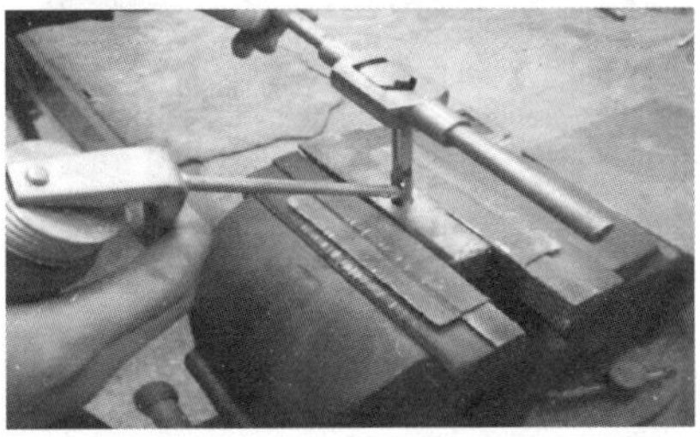	台虎钳、铰杠、丝锥一套、铜皮一对、油枪	
完成	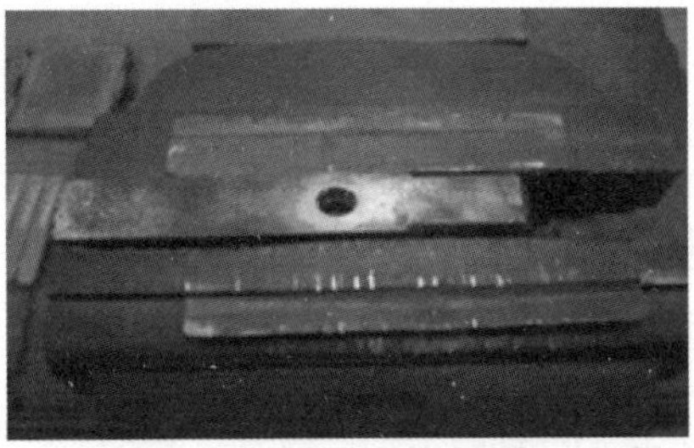	台虎钳、铜皮一对	

2)检测与反馈

锤头攻丝的质量评价，评分表如表 1-23 所示。

表 1-23 锤头攻丝质量评分表

钳工编号： 姓名： 学号： 成绩：

序号	检查项目	配分	评分标准	自评结果	互评结果	得分
1	牙型完整	20	规范、正确			
2	螺纹深度 15 mm	20	规范、正确			
3	⊥ 0.04	20	正确			
4	表面粗糙度 Ra 6.3 μm	20	超差不得分			
5	工、量具摆放	10	规范、正确			
6	安全文明生产	5	酌情扣分			
7	其他	5	清洁			

4. 锤头的淬火

为了保证锤头的硬度，对锤头进行淬火处理，如图 1-39 所示。

图 1-39 锤头淬火处理

【任务检测与总结】

1. 任务检测与反馈

对锤头加工进行检查评价，评分表如表 1-24 所示。

表 1-24 锤头加工评分表

钳工编号： 姓名： 学号： 成绩：

序号	检查项目	配分	评分标准	自评结果	互评结果	得分
1	划线	10	规范、正确			
2	锯削	20	规范、正确			
3	锉削	20	规范、正确			
4	钻孔	20	规范、正确			
5	攻螺纹	15	规范、正确			
6	安全文明生产	10	酌情扣分			
7	其他	5	清洁			

2.任务总结

(1)任务注意事项。

①选用划线基准时，应尽可能使划线基准与设计基准重合。

②锯削时，应该注意养成正确的锯削姿势。

③注意起锯。

④注意养成正确的锉削姿势。

⑤钻孔时，工件下面应该放垫板。

⑥攻螺纹时，注意保持丝杠与孔端面垂直。

(2)任务完成情况小结(自评)。

【任务拓展练习】

拓展任务：钻头的刃磨。

钻头的刃磨要求：

刃口摆平轮面靠；

钻轴斜放锋角出；

由刃向背磨后面；

上下摆动尾别翘。

拓展任务准备：不同型号的钻头、砂轮机等。

任务二　　制作锤柄

🔧 任务要求

(1)掌握套丝的方法。

(2)能够保证光杠与锤头的装配质量。

🔧 任务分析

由图1-40可见，制作锤柄的光杠已加工完成，只需按图纸要求在相应位置加工出螺纹即可，并与锤头旋合。

🔍 任务准备

(1)原材料准备：锤柄($\phi 16 \times 135$)。

(2)工、量具准备：板牙、钳工工具及量具等。

(3)设备准备：砂轮机、台钻等。

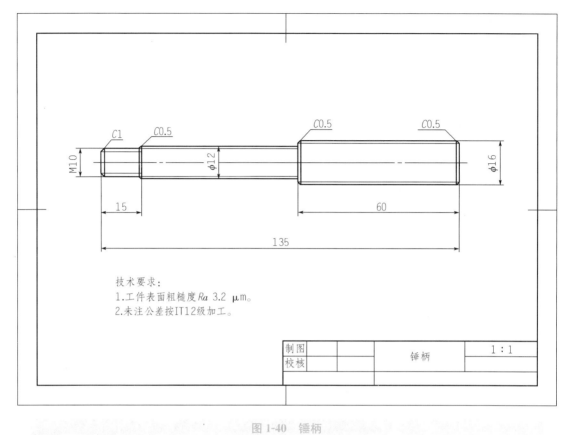

技术要求：
1.工件表面粗糙度 Ra 3.2 μm。
2.未注公差按IT12级加工。

制图		锤柄	1:1
校核			

图 1-40　锤柄

🔍 任务实施

一、锤柄端部的磨削

如图 1-41 所示，对锤柄的端部磨削，加工成圆头或者是 45°倒角，以防止在板牙时的导向刃上产生突然加载现象，同时要确保圆板牙或者六角板牙垂直地切入锤柄端部。

图 1-41　锤柄端部的磨削

二、锤柄的套丝

锤柄套丝的具体操作步骤如表 1-25 所示。

表 1-25 锤柄套丝步骤

操作步骤	操作方法图示	所用工具	自检
准备工作	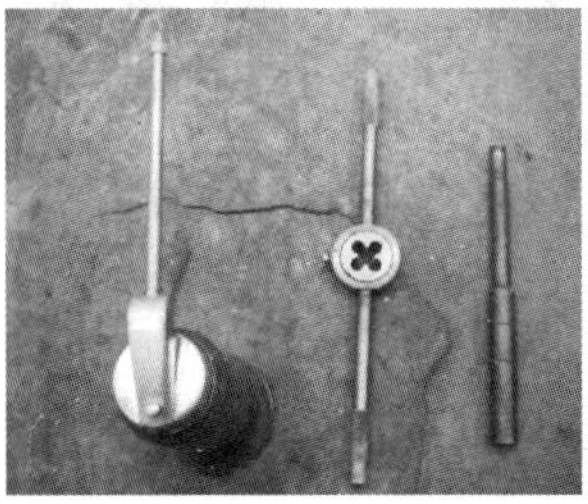		
装夹锤柄		台虎钳	
旋入板牙并加润滑油		板牙、润滑油	
完成			

三、装配

把加工好的手柄顺时针旋入锤头中，直到手柄上所有螺纹都看不到为止。注意旋入时，保持手柄与锤头孔口表面的垂直，如图 1-42 所示。

图 1-42　锤头与手柄装配完成

【任务检测与总结】

1. 任务检测与反馈

对手柄的质量进行检查评价，评分表如表 1-26 所示。

表 1-26　手柄质量评分表

钳工编号：　　　　姓名：　　　　　　学号：　　　　　　成绩：

序号	检查项目	配分	评分标准	自评结果	互评结果	得分
1	牙型完整	30	规范、正确			
2	螺纹长度	25	规范、正确			
3	表面粗糙度 $Ra\,6.3\,\mu m$	10	正确			
4	工、量具摆放	20	规范、正确			
5	安全文明生产	10	酌情扣分			
6	其他	5	清洁			

2. 任务总结

(1)任务注意事项。

①手柄端部应磨削圆头。

②尽量减少手柄端部的尺寸，确保与螺栓大径的公差靠近下限，这样可以把板牙的切削力降至最低。

③使用带刃倾角的板牙，确保切屑导出加工区域。

④选用正确的冷却液。

⑤调节开口板牙时，均匀转动调节螺钉，不得把板牙张开。

(2)任务完成情况小结(自评)。

【任务拓展练习】

拓展任务：熟悉螺纹的机加工方法，掌握一种机加工螺纹的方法。

机加工螺纹一般指用成形刀具或磨具在工件上加工螺纹的方法，主要有车削、铣削、磨削、研磨和旋风切削、滚压等。螺纹滚压：用成形滚压模具使工件产生塑性变形以获得螺纹的加工方法。螺纹滚压一般在滚丝机、搓丝机或在附装自动开合螺纹滚压头的自动车床上进行，适用于大批量生产标准紧固件和其他螺纹连接件的外螺纹。

拓展任务准备：搓丝机、螺杆材料及搓丝机加工需要的工、量具。

车工实训

项目一

车床操纵和维护保养、刀具
刃磨、外圆和端面车削及测量

项目导引

(1)能够正确刃磨 45°外圆车刀和 90°偏刀。

(2)能够熟练操纵车床，并对车床进行日常的维护保养。

(3)学会手动进给车削外圆、端面，学会用游标卡尺进行正确测量并识读。

(4)学会机动进给车削外圆、端面，学会用外径千分尺对外圆进行正确测量。

任务一　45°外圆车刀的刃磨

任务要求

(1)懂得毛坯车刀必须经过正确刃磨后方能使用的道理。

(2)刃磨后的 45°外圆车刀几何角度必须正确。

(3)45°外圆车刀的所有刀面要磨成一个平面。

(4)45°外圆车刀的主、副刀刃要磨成一条直线。

任务分析

1. 任务图纸

按图 2-1 所示要求刃磨 45°外圆车刀。

2. 图纸分析

(1)车刀刃磨的重要性。

(2)45°外圆车刀有哪些角度？

(3)45°外圆车刀刃磨的具体要求是什么？

(4)45°外圆车刀刃磨的方法和步骤。

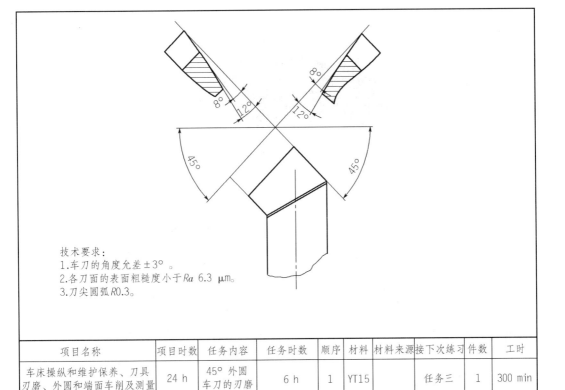

技术要求：
1.车刀的角度允差±3°。
2.各刀面的表面粗糙度小于 Ra 6.3 μm。
3.刀尖圆弧 $R0.3$。

项目名称	项目时数	任务内容	任务时数	顺序	材料	材料来源	接下次练习	件数	工时
车床操纵和维护保养、刀具刃磨、外圆和端面车削及测量	24 h	45° 外圆车刀的刃磨	6 h	1	YT15		任务三	1	300 min

图 2-1　刃磨 45° 外圆车刀

任务准备

（1）原材料准备：45°外圆车刀（1 把），刀牌 YT15。
（2）工具和刀具准备：车工常用工具、45°外圆车刀等。
（3）量具准备：0°～320°万能角度尺、刀口角尺等。
（4）设备准备：砂轮机、砂轮片（碳化硅）若干。

任务实施

（一）相关任务工艺

1. 如何保证刃磨后的 45° 外圆车刀后角为 6°～8°

刃磨时，双手持刀姿势应保证车刀的前刀面与地面平行，并且车刀刃磨时的磨削点应位于砂轮的中心处，这样刃磨出的车刀后刀面与砂轮外廓的圆弧曲率基本相同（实际车刀刃磨后的刀面并不是平面，而是较大曲率半径的圆弧面），用这种方法刃磨出的车刀后角基本能满足图样的要求。车刀后角可以用 0°～320°万能角度尺检测，如图 2-2 所示。

图 2-2 用万能角度尺测量 45°外圆车刀的后角

2. 如何刃磨出正确的主、副偏角

在刃磨车刀的主、副后刀面时，45°外圆车刀的主副偏角也已同步磨出，那么如何保证主、副偏角的角度呢？我们需在刃磨后刀面时，始终用目测法来检查角度的变化，并不断加以修正。由于 45°外圆车刀主、副刀刃在刃磨时的可视性，在实际刃磨过程中，应时刻关注各个刀刃的平直度以及两刀刃之间的夹角（刀尖角）变化，并不断加以修正。

车刀刀刃的直线度也直接影响主、副偏角的正确性。刀刃的直线度一方面可以用目测法直接观察；另一方面也可以借助量具来精确检查，如将刀口角尺的测量边与刀刃直接接触，通过透光法来检查。

3. 如何保证刀面的平面度

在刃磨车刀时，只要双手持刀的角度稍有变化，磨出的刀面就会出现多个刀面的现象。多个刀面的出现会导致无法正确判断车刀的几何角度，车刀的角度如果不正确，将严重影响车刀的正常使用和寿命。保证刃磨后的车刀只出现一个自下而上的刀面的方法是：双手握住车刀，不要随意改变握姿，一直刃磨至看到车刀刀刃处出现火花，说明刀面已磨至刀刃处，方能结束刃磨该刀面。

4. 刃磨 45°外圆车刀的缺陷分析

刃磨 45°外圆车刀的缺陷分析如表 2-1 所示。

表 2-1 刃磨 45°外圆车刀常见的缺陷分析

存在问题	主要原因
刀面磨不平	磨刀时握刀姿势不能始终保持不变，主要问题是刃磨者在中途停止刃磨观察后，握刀姿势无法保证与上一次的握刀角度一致
刀刃磨不直	1. 磨刀时车刀不做左右移动，使刀刃的形状与砂轮形状相似； 2. 在刃磨过程中不注意观察修正
车刀后角不正确	刃磨时的握刀角度不对，不能保证车刀前刀面与地面平行，使磨出的后角不是太大就是太小
车刀偏角不正确	刃磨过程中没有及时用目测法检查主、副偏角的变化并加以修正
车刀前角不正确	磨刀时双手持刀角度不正确，刃磨时，要使车刀前刀面与地面垂直，否则会出现负前角或前角过大的现象

(二)任务操作步骤

1. 刃磨 45°外圆车刀的主后刀面

左手在后，右手在前，双手握刀，保证车刀的前刀面与地面平行，轻轻地使车刀主后刀面与砂轮接触，参与刃磨，并做轻微的左右移动，一直观察到主刀刃处有火花出现，说明已刃磨到最上面刀刃处，方可停止刃磨该刀面，如图 2-3 所示。

图 2-3　刃磨 45°外圆车刀的主后刀面

2. 刃磨 45°外圆车刀的两个副后刀面

将车刀转过 90°，车刀的握姿仍是使车刀的前刀面与地面平行，轻轻地使车刀的一个副后刀面与砂轮接触，参与刃磨，双手做左右轻微移动，直到看见上面刀刃处有火花出现，方能停止刃磨，如图 2-4 所示。

在保证车刀前刀面与地面平行的前提下，使车刀的另一副后刀面与砂轮轻轻接触，参与刃磨，双手做小幅度的左右轻微移动，直至看见刀刃处有火花出现方可停止刃磨，如图2-5所示。

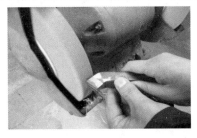 

图 2-4　刃磨 45°外圆车刀的
两个副后刀面(一)　　　　图 2-5　刃磨 45°外圆车刀的
两个副后刀面(二)

注意：此处刀刃的磨削只能在左侧砂轮上进行，并且刃磨者需站在砂轮的侧面。

3. 刃磨 45°外圆车刀的前刀面

双手持刀，使车刀的前刀面与地面垂直，并使前刀面与砂轮轻轻接触刃磨，看见刀刃处有火花出现方可停止刃磨，如图 2-6 所示。

4. 刃磨 45°外圆车刀的两个刀尖圆弧

双手持刀，保证前刀面与地面平行，轻轻地使车刀刀尖与砂轮接触刃磨，如图 2-7 所示。

图 2-6　刃磨 45°外圆车刀的前刀面

图 2-7　刃磨 45°外圆车刀的两个刀尖圆弧

【任务检测与总结】

1. 任务检测与反馈

对刃磨完成后的 45°外圆车刀进行检测评价，评分表如表 2-2 所示。

表 2-2　刃磨 45°外圆车刀评分表

车刀编号：　　　　　　姓名：　　　　　　学号：　　　　　　成绩：

序号	项目	检测项目	配分	评分标准	自评结果	互评结果	得分
1	车刀角度	主后角 6°~8°	6	酌情扣分			
2		副后角(2 个)　6°~8°	6×2	酌情扣分			
3		主偏角 45°	6	酌情扣分			
4		副偏角 45°	6	酌情扣分			
5		前角 0°	6	酌情扣分			
6		刀尖角(1)90°	3	酌情扣分			
7		刀尖角(2)90°	3	酌情扣分			
8	刀面平面度	主后刀面	4	一个面			
9		副后刀面(1)	4	一个面			
10		副后刀面(2)	4	一个面			
11		前刀面	4	一个面			
12	刀刃直线度	主刀刃	4	平直			
13		副刀刃(1)	4	平直			
14		副刀刃(2)	4	平直			
15	刀面粗糙度	四个刀面 Ra 6.3 μm	2×4	超差全扣			
16	刀刃质量	三条刀刃没有明显崩刃	2×3	酌情扣分			
17	刀尖圆弧	两处 R0.3	2×2	酌情扣分			
18	安全文明生产	设备与人身安全，文明操作	8	酌情扣分			
19	其他	—	4	酌情扣分			

2. 任务总结

(1)任务注意事项。

①在任务的执行过程中,首先要注意安全,手握刀杆位置不能太靠前,以防磨到手,但又要防止因手握得太靠后,车刀拿不稳而出现危险。

②初学磨刀时,首先要保证刃磨车刀的角度正确,其次是保证刀面与刀刃的质量。为增加车刀使用寿命,在刃磨过程中应时刻观察车刀刃磨情况,并不断加以修正。

③为保证车刀刃磨角度的正确性,应使用有效的工、量具对所磨车刀加以检测,如万能角度尺和刀口角尺等。

④俗话说"车工一把刀",刀好方能车出高质量的零件,但磨刀技能不是一朝一夕就能学会的,需要坚持不懈并不断思考,才能日渐提高。

(2)任务完成情况小结(自评)。

【任务拓展练习】

拓展任务图纸:图2-8所示刃磨90°偏刀。

拓展任务准备:90°偏刀(毛坯刀),砂轮机,砂轮片(碳化硅),0°~320°万能角度尺,刀口角尺,车工常用工、量具等。

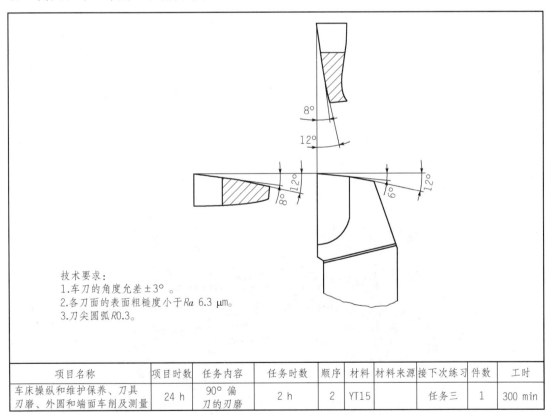

技术要求:
1.车刀的角度允差±3°。
2.各刀面的表面粗糙度小于Ra 6.3 μm。
3.刀尖圆弧$R0.3$。

项目名称	项目时数	任务内容	任务时数	顺序	材料	材料来源	接下次练习	件数	工时
车床操纵和维护保养、刀具刃磨、外圆和端面车削及测量	24 h	90°偏刀的刃磨	2 h	2	YT15		任务三	1	300 min

图 2-8 90°偏刀的几何角度

任务二 车床操纵和维护保养

任务要求

(1)学会车床的启动、停止操作。

(2)学会主轴箱的变速、进给箱的调速操作。

(3)学会溜板部分(床鞍和两个滑板)的进退操作。

(4)学会刻度盘(3处)的正确识读和使用。

(5)学会在三爪卡盘上安装工件。

(6)能够对普通车床进行日常的润滑和维护保养。

任务分析

1. 任务细分

CA6140型车床简图如图2-9所示,熟练地对其进行以下操作:

(1)车床的正转、反转、停止;

(2)主轴箱的变速;

(3)进给箱的调速;

(4)床鞍、中滑板、小滑板的进退移动;

(5)大、中、小三处刻度盘的识读和使用;

(6)在三爪卡盘上安装工件;

(7)对车床进行日常的润滑和维护保养。

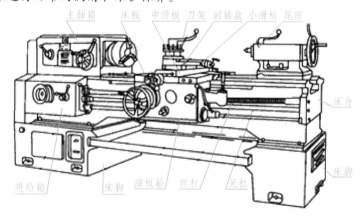

图 2-9 CA6140 型车床简图

2. 任务分析

(1)首先要了解车床的结构,读出车床各部件的名称。

（2）了解车床的传动路线。

（3）能够根据加工要求对车床进行主轴调速、进给调速和工件装夹等操作。

（4）床鞍、两个滑板的进退方向不能出现错误。

（5）熟悉 CA6140 型车床润滑系统。

（6）按照润滑要求，能对车床各传动部位进行正确润滑和维护保养。

（7）掌握车床的日保养和周保养知识。

任务准备

（1）原材料准备：45#圆钢（$\phi 50 \times 150$），1 段/生。

（2）工具和刀具准备：车床常用工具（卡盘扳手、刀架扳手和加力管）、油枪等。

（3）量具准备：0～150 mm（0.02 mm）游标卡尺、0～150 mm 钢直尺等。

（4）设备准备：CA6140 型车床。

任务实施

（一）相关任务工艺

1. 车床的启动操作

将车床的总电源合上，检查主轴箱调速手柄是否在正确位置（不在空挡处），然后按下床鞍上的启动按钮（电动机转动），将操纵杆向上提起，主轴正转；将操纵杆向下（中间）放置，主轴停转；将操纵杆放置到最下位置，主轴反转。

2. 主轴转速的调整

通过改变主轴箱正面右侧两个叠套的手柄位置来控制主轴转速，如图 2-10 所示。叠套手柄里面的手柄有 4 个挡位，分别用 4 种不同的颜色表示，即高速（红色）、中速（黑色）、中低度（黄色）和低速（蓝色），手柄放置在哪个颜色处，就可得到相应性质的转速。里面的手柄还有 2 个空挡位置，分别在装拆工件时使用。叠套手柄外面的手柄则有 6 个挡位，将手柄放置在 6 个不同的挡位处，就可得到同性质但又不同数值的 6 种转速（例如，同是高速可选择 6 种不同数值的高速）。通过以上两个手柄的位置调整，CA6140 型车床就可获得 24 种正转转速。

图 2-10　CA6140 型车床主轴箱

3. 进给速度的调整

CA6140 型车床进给箱（见图 2-11）正面左侧有一个圆盘形手轮，共有 8 个挡位。右侧有里外叠套的 2 个手柄，里面的手柄有 A、B、C、D 4 个挡位，是丝杠、光杠变换手柄；外面的手柄有Ⅰ、Ⅱ、Ⅲ、Ⅳ 4 个挡位，与有 8 个挡位的圆盘手轮相配合，可以调整出车削时所需的螺距及进给量。

图 2-11 CA6140 型车床进给箱

4. 溜板部分(床鞍和两个滑板)的操纵

(1)床鞍可实现纵向进给。顺时针转动溜板箱正面左侧的大手轮,床鞍向右移动;逆时针转动大手轮,床鞍向左移动。床鞍刻度盘上一小格为 1 mm,共 300 小格。

(2)中滑板可实现横向进给。顺时针转动中滑板手柄,中滑板向旋转中心运动(进刀方向);逆时针转动中滑板手柄,中滑板向靠近操作者方向运动(退刀方向)。中滑板上一小格为 0.1 mm(直径值)。

(3)小滑板可实现微量纵向进给。顺时针转动小滑板手柄,小滑板向左移动;逆时针转动小滑板手柄,小滑板向右移动。小滑板上一小格为 0.05 mm。

5. 在三爪卡盘上安装工件

三爪卡盘是自定心卡盘,虽然不需要像四爪卡盘一样进行工件的找正调整,但在工件装夹时,仍要选择正确的装夹基准面,工件夹紧必须牢靠,以防工件飞出伤人。在安装工件时,需先将主轴箱手柄放置在空挡位置,并应注意以下几点。

(1)卡爪夹持工件的长度应尽可能长,以保证足够的装夹面积和夹紧力。

(2)初次装夹的毛坯面,应挑选光整处夹持,以保证装夹牢靠。

(3)卡爪夹持处应为直径相同的一个圆柱面,而不应高低不平。

(4)工件伸出卡爪部分应尽可能短。

6. 普通车床的润滑和维护保养

车床的所有摩擦部位都要进行润滑,并进行日常的维护保养。车床各处润滑要求:除交换齿轮箱内的惰轮轴轴承用 2 号钙基润滑脂润滑外,其余各处都用 30 号机械油润滑。各传动部位润滑要求如下:

(1)主轴箱内的零件用油泵循环或飞溅润滑。箱内润滑油一般三个月更换一次,应经常通过油标线检查油泵输油系统有无故障。

(2)进给箱上有用于油绳导油润滑的储油槽,每班应给该储油槽加一次油。

(3)交换齿轮箱中间齿轮轴轴承是黄油杯润滑,每班将油杯后的螺栓拧进一次,7 天加一次钙基脂。

(4)尾座套筒和中、小滑板手柄转动轴承处及光杠、丝杠、刀架转动部位靠弹子油杯润滑,每班润滑一次。

(5)床身导轨、滑板导轨在工作前后都要擦净,并用油枪浇油润滑,如图 2-12 所示。

普通车床日常保养要求：每天工作结束后，切断电源，对车床各表面、罩壳、导轨面、丝杠、光杠、操纵手柄和操纵杆进行擦拭，做到无油污、无铁屑、车床外表清洁。

图2-12　床身导轨的润滑

周保养要求：床身导轨面和中、小滑板导轨面及转动部位的清洁、润滑。要求油眼畅通、油标清晰，清洗油绳和护床油毛毡，保持车床外表清洁和工作场地整洁。

7. 车床操纵和维护保养缺陷分析

车床操纵和维护保养缺陷分析如表2-3所示。

表2-3　车床操纵和维护保养常见缺陷分析

存在问题	主要原因
主轴不转	主轴箱手柄位置不到位；操纵杆位置不对；主轴箱的两调速手柄判断不对
进给速度调整不正确	进给箱正面右侧里外两个叠套手柄位置混淆
中、小滑板操纵时丝杠摇脱头	滑板部分操纵时，超越了滑板移动的行程范围，会造成机床损坏
工件转动时晃动太大	毛坯工件装夹时，没有选择光整的表面作为夹持面，工件晃动太大，造成安全事故和工件加工余量不够等后果
车床各部位润滑不到位	没有对车床维护保养的重要性的意识

(二)任务操作步骤

1. 车床的启动操作

将车床总电源合上，检查主轴箱外手柄位置是否正确(不能在空挡)，将溜板箱旁的按钮按下(电动机转动)，如图2-13所示，将操纵杆向上提，主轴正转；操纵杆放在中间位置，主轴停转；操纵杆放在最下位置，主轴反转。

图2-13　将溜板箱旁的按钮按下

2. 主轴转速的调整

调整主轴箱外的手柄位置，得到所需的主轴转速。两叠套手柄的里面手柄可调整出 4 挡性质的转速(高速、中速、中低速、低速)，外面手柄在这 4 种不同性质的转速中又可选择 6 种不同数值的转速，如图 2-14 所示。

图 2-14　主轴转速的调整

3. 进给速度的调整

进给箱右边的两个叠套手柄的里面手柄能调整光杠、丝杠传动，外面手柄分别有Ⅰ、Ⅱ、Ⅲ、Ⅳ 4 个挡位，通过调整该手柄和进给箱外左侧的圆盘手柄的 8 个挡位可得到加工所需的进给量和螺距，如图 2-15 和图 2-16 所示。

图 2-15　进给速度的调整(一)

图 2-16　进给速度的调整(二)

4. 溜板部分的操纵

在操纵溜板时，床鞍移动不能超越它的极限位置(左端不能碰卡盘，右端不能碰尾座)。中滑板与小滑板操纵时不能将传动丝杠与螺母摇脱头，同样不能超越其极限位置。溜板部分的操纵如图 2-17 所示，注意滑板进退方向间的空行程对车削的影响。

5. 在三爪卡盘上安装工件

尽可能增大工件的装夹面积，夹持部分应保证平整光滑，夹紧力要合适，如图 2-18 所示。

图2-17 溜板部分的操纵

图2-18 在三爪卡盘上装夹工件

6. 普通车床的润滑和维护保养

清点出车床上所有弹子油杯的个数，并且用高压油枪加注润滑油；将进给箱体上方的铭牌盖掀开，在储油槽内加注润滑油；对交换齿轮箱添加润滑脂。应重视弹子油杯润滑的重要性，特别是那些不易观察到的地方，如溜板箱正面大手轮处等。还有三杠上方的一个储油槽也要经常加油，如图2-19所示。

图2-19 对三杠上方的储油槽加油

【任务检测与总结】

1. 任务检测与反馈

对车床操纵和维护保养进行检查评价，评分表如表2-4所示。

表2-4 车床操纵和维护保养评分表

车床编号： 姓名： 学号： 成绩：

序号	项目	检测项目	配分	评分标准	自评结果	互评结果	得分
1	车床启动操作	主轴正转	5	规范、正确			
2		主轴停止	5	规范、正确			
3		主轴反转	5	规范、正确			
4	主轴转速的调整	高速	5	规范、正确			
5		中速	5	规范、正确			
6		中低速	5	规范、正确			
7		低速	5	规范、正确			
8	进给速度的调整	光杠传动	5	规范、正确			
9		丝杠传动	5	规范、正确			
10		进给量	5	规范、正确			
11	溜板部分的操纵	床鞍进退	5	规范、正确			
12		中滑板进退	5	规范、正确			
13		小滑板进退	5	规范、正确			

序号	项目	检测项目	配分	评分标准	自评结果	互评结果	得分
14	装拆工件	安装工件	5	规范、正确			
15		拆卸工件	5	规范、正确			
16	车床的润滑和维护保养	车床的润滑	5	正确			
17		车床的维护保养	5	正确			
18	安全文明生产	设备和人身安全、文明操作	10	酌情扣分			
19	其他	—	5	酌情扣分			

2. 任务总结

(1)任务注意事项。

①在执行任务的过程中，应按照顺序进行，由易到难。

②调整主轴转速时，应先将床鞍上的电动机按钮断开，再调整主轴手柄位置，不允许在电动机转动时就拨动调整手柄，否则会使主轴箱内齿轮打坏。在拨动主轴箱手柄时，右手应轻轻转动卡盘。

③调整进给速度时，应在主轴停转或低速转动时进行，否则会引起箱体内齿轮打齿现象。

④在进行溜板部分操纵练习时，要注意各移动部件不应超越其极限位置，以免损坏机床。

⑤在进行工件装拆练习时，卡盘扳手应随手取下，以防止其飞出伤人。

⑥在进行弹子油杯润滑时，应仔细检查床鞍刻度盘、丝杠和光杠固定处等的润滑。车床床尾三杠固定处也有一个储油槽(油绳导油润滑)，也需加油。

⑦在使用中、小滑板的刻度时，应注意其空行程的影响(即滑板进给方向发生改变时，会出现刻度动而滑板本身不动的现象)。

(2)任务完成情况小结(自评)。

【任务拓展练习】

拓展任务：对车床进行一级保养，共分七大部分进行：

(1)主轴箱的保养。

(2)交换齿轮箱的保养。

(3)滑板和刀架的保养。

(4)尾座的保养。

(5)润滑系统的保养。

(6)电气设备的保养。

(7)车床外表的保养。

拓展任务准备：CA6140型车床、30号机械油、煤油、毛刷、棉布、油枪、油盘、润滑脂、一字批、内六角扳手、17~19呆扳手、12″活络扳手和车工常用工具等。

任务三 手动进给车削外圆、端面

任务要求

（1）学会正确安装工件、车刀。

（2）学会根据工件材料、工件直径大小、刀具材料选择合理的主轴转速。

（3）掌握手动进给车削外圆时对刀、进刀、走刀的操作方法和步骤。

（4）掌握手动进给车削端面时对刀、进刀、走刀的操作方法和步骤。

（5）学会使用游标卡尺测量工件的直径和长度。

任务分析

1. 任务图纸

按图 2-20 所示要求手动进给车削外圆、端面。

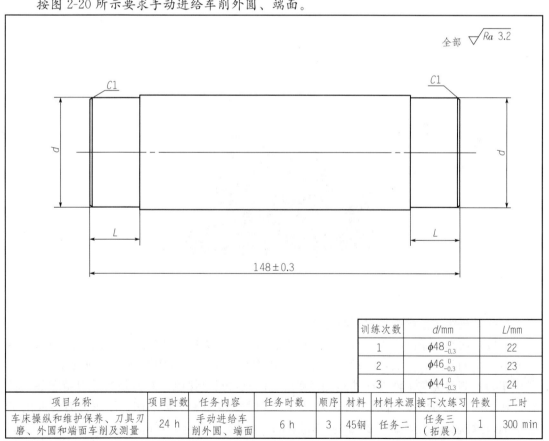

训练次数	d/mm	L/mm
1	$\phi48_{-0.3}^{0}$	22
2	$\phi46_{-0.3}^{0}$	23
3	$\phi44_{-0.3}^{0}$	24

项目名称	项目时数	任务内容	任务时数	顺序	材料	材料来源	接下次练习	件数	工时
车床操纵和维护保养、刀具刃磨、外圆和端面车削及测量	24 h	手动进给车削外圆、端面	6 h	3	45钢	任务二	任务三（拓展）	1	300 min

图 2-20 手动进给车削外圆、端面

2. 图纸分析

(1)车削该零件分几次装夹？

(2)车削外圆和端面分别选用什么车刀？车刀的装夹要求是什么？

(3)手动进给车削外圆与车削端面的方法是否相同？

(4)游标卡尺的读数原理和测量方法是什么？

(5)车削外圆时分几次切削？每次的背吃刀量是多少？

任务准备

(1)原材料准备：45#圆钢(ϕ50×150)，1段/生(接任务二)。

(2)工具和刀具准备：车工常用工具、45°外圆车刀、90°偏刀、垫刀片(若干)。

(3)量具准备：0～150 mm(0.02 mm)游标卡尺、钢直尺等。

(4)设备准备：CA6140型车床、砂轮机。

任务实施

(一)相关任务工艺

1. 手动进给车削端面的方法

1)安装45°外圆车刀时的对中方法

将车刀刀杆放置在方刀架刀座上，尾座套筒内装上活络顶尖，将顶尖摇到车刀刀尖处，目测车刀前刀面与顶尖中心高度的差距，用厚薄不等的垫刀片加以调整，并考虑车刀夹紧后的高度差，最终保证车刀前刀面与顶尖中心严格等高，如图2-21所示。

图 2-21　用顶尖中心调整车刀高度

2)手动进给车削端面的过程与方法

完成一次端面车削必须要有对刀、退刀、进刀、走刀四个步骤。对刀的目的是确定端面开始车削的基准，方法：转动床鞍手轮或小滑板手柄，结合中滑板的横向移动，使45°外圆车刀左侧刀尖与工件端面外侧轻轻接触。注意：只是接触。对刀是为进刀做准备，具体操作如图2-22的1处所示；对好刀以后，逆时针转动中滑板手柄，使车刀刀尖退出工件端面，这就是退刀，如图2-22的2处所示；根据加工余量，利用小滑板刻度(0.05 mm/格)顺时针转动小滑板手柄，车刀刀尖纵向向左移动一段距离，这叫进刀，如图2-22的3

处所示，进刀距离为 2 mm；顺时针均匀转动中滑板手柄，车刀由外向里做横向移动的同时，工件端面也同时被切除了长度为进刀距离（2 mm）的一层余量，这叫走刀，如图 1-22 4处所示。当车刀移动到工件端面中心时，新的工件端面就完全车出了。

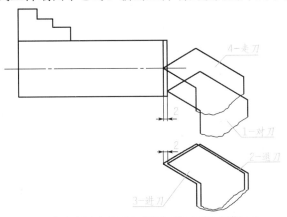

图 2-22　手动进给车削端面的四个步骤

2. 手动进给车削外圆的方法

1）安装 90°偏刀

方法与安装 45°外圆车刀一样，用尾座顶尖作为高度基准进行车刀的对中操作，使车刀的前刀面与工件的旋转中心等高，通过调整不同厚薄的垫刀片来逐步达到要求。90°偏刀装刀时的另一个要求是：保证车刀的工作主偏角、副偏角正确。要做到这一点，在装刀时应保证 90°偏刀的主、副刀刃与空间假想的两条纵横基线之间的夹角正确，否则车刀不能顺利车削。

2）手动进给车削外圆的过程与方法

完成一次外圆车削必须要有对刀、退刀、进刀、走刀四个步骤。对刀的目的是确定外圆开始车削的基准，方法：顺时针转动中滑板手柄，结合床鞍或小滑板纵向移动，使 90°偏刀刀尖与工件外圆外侧轻轻接触（既要接触到，又要接触得少），对刀是为进刀做准备，具体操作如图 2-23 的 1 处所示；对好刀以后，顺时针摇动床鞍手轮，使车刀刀尖退出工件外圆，这就是退刀，如图 2-23 的 2 处所示；根据加工余量，利用中滑板刻度（0.1 mm/格）顺时针转动中滑板手柄，车刀刀尖横向向工件中心移动一段距离（图示为 2 mm），这叫进刀，如图 2-23 的 3 处所示；逆时针均匀转动床鞍手轮，车刀由右向左做纵向移动的同时，工件外圆也同时被切除了深度为一半进刀距离的一层余量（2 mm），这叫走刀，如图 2-23的 4 处所示。

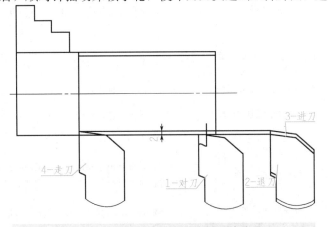

图 2-23　手动进给车削外圆的四个步骤

3. 游标卡尺

1)游标卡尺的读数原理

游标卡尺在车削加工中使用广泛，它可以测量外径、内径、长度和沟槽等。它主要由主尺和游标组成，游标上的 50 格对应了主尺上的 49 mm，因此主尺与游标的一小格差值为 0.02 mm，这就是其读数精度的由来。

游标卡尺测量时要注意保持两个测量爪平行，否则将影响测量的正确性。

2)游标卡尺的读数方法

以游标上的"0"位线为界，先读主尺上的数字，即"0"位线前有几格就读几毫米（整数）；然后找出主尺与游标对得最齐的那条线的位置，先读此线左面游标上的数字（小数点后的第一位），再看此线是游标上左右两数字间的第几条，并将其条数乘 2（小数点后的第二位）。三者相加就是所测得的尺寸数。如图 2-24 所示：先读主尺，以游标"0"位线为界，主尺是 19 格在"0"位线前；再找游标上与主尺对得最正是 6 后面第 4 条线，小数点后的第一位数字就是 6，由于是 6 后面的第 4 条线对得最正，将 4 乘 2 得 8，这是小数后的第二位数字，再加上主尺上的 19，测量数据就是 19.68 mm。

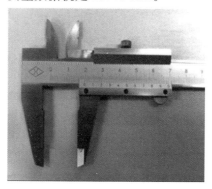

图 2-24 游标卡尺的读数方法

4. 手动进给车削外圆、端面的缺陷分析

手动进给车削外圆、端面常见缺陷分析如表 2-5 所示。

表 2-5 手动进给车削外圆、端面常见缺陷分析

存在问题	主要原因
端面中心有针状残留物	车刀刀尖低于工件旋转中心，精确对刀要用已车出的工件中心作基准对刀
车端面时车刀刀尖崩碎	车刀刀尖高于工件旋转中心，车至中心处要用已车出的工件中心再进行精确对刀
端面中心处粗糙	车刀车至中心处，没有适当减小进给量，因为端面中心处的切削速度最小
长度尺寸不正确	工件装夹时没有稍作校正，导致工件的两端面平行度超差；用游标卡尺测量时尺身没保持平直；对刀时对刀量太大，没有精确对刀
外圆尺寸不正确	对刀不精确；游标卡尺测量不准确；游标卡尺读数有误差
倒角不符合要求	没有及时倒角（未注倒角 C0.5）

(二)任务操作步骤

(1)夹持毛坯一半长处，用加力管夹紧，将45°外圆车刀和垫刀片放在方刀架刀座上，通过调整垫刀片的厚度使车刀刀尖与尾座顶尖等高(粗调)，然后夹紧车刀。

(2)将车床电源打开，选择主轴转速，调整主轴箱手柄位置，按下溜板箱上的电动机按钮，将操纵杆向上提(工件正转)。双手分别转动床鞍手轮和中滑板手柄，使45°外圆车刀的左侧刀尖趋近工件端面外侧，顺时针转动小滑板手柄，使刀尖轻触工件端面(对刀)，逆时针转动中滑板手柄，使刀尖离开工件端面(退刀)，顺时针转动小滑板刻度(进刀——第一个端面只要全部车出即可)，双手顺时针均匀转动中滑板手柄(走刀)，车至中心处，双手转动手柄速度减慢(保护刀尖和减小中心处的表面粗糙度)，直至新的端面完全车出。如果车至工件中心处，发现车刀刀尖与工件中心不等高，应立即将车刀退出，以工件的中心为基准，再次调整车刀所垫的垫刀片厚度，防止车刀刀尖因与车床旋转中心不等高而崩碎。端面车削完成后，顺时针转动床鞍手轮，逆时针转动中滑板手轮，车刀退出。

(3)将方刀架转动90°并且固定，装第二把刀——90°偏刀，可以用已车出的工件端面中心作为装刀高度基准。车削过程如下：工件正转，双手分别转动床鞍手轮、中滑板手柄，使90°偏刀刀尖趋近于工件外圆外缘处，顺时针轻轻转动中滑板手柄，使车刀刀尖轻触工件外圆(对刀)，顺时针转动床鞍手轮，使车刀刀尖离开工件表面(退刀)，根据加工余量转动中滑板刻度(进刀)，一般车削外圆时的第一刀应直接车去工件表面的氧化皮(减小车刀磨损)，逆时针均匀转动床鞍手轮使车刀车至距离卡爪5 mm处(走刀)，逆时针转动中滑板手柄，顺时针转动床鞍手轮(退刀)。

(4)用游标卡尺测量已车出的工件外圆直径，根据图样上直径的要求计算出所要车削的加工余量，再进行对刀、退刀、进刀、走刀的一次或几次外圆车削过程，直至车削后的外圆尺寸符合图纸要求，最后锐角处根据图纸要求倒角。

(5)将工件掉头，夹已车好的 ϕ48 mm 外圆处(工件伸出约一半长)，车工件总长。将方刀架旋转90°并且固定，用45°外圆车刀将端面车平，车去锯削痕迹后将工件拆下，用游标卡尺测量，测量后再将工件装夹，并根据加工余量继续进行对刀、退刀、进刀、走刀的一次或几次端面车削过程，直至车削后的工件总长尺寸符合图纸要求。

(6)将方刀架转动90°并且固定，用90°偏刀车削外圆尺寸(同步骤(3)、(4))至图样要求，最后根据要求倒角。

【任务检测与总结】

1.任务检测与反馈

对手动进给车削外圆、端面进行检查评价，评分表如表2-6所示。

表2-6　手动进给车削外圆、端面评分表

车床编号：　　　　姓名：　　　　学号：　　　　成绩：

序号	项目	检测项目	配分	评分标准	自评结果	互评结果	得分
1	外圆	ϕ48$_{-0.3}^{0}$ mm(2处)	10×2	超差0.1扣5分，超差0.2全扣			

序号	项目	检测项目	配分	评分标准	自评结果	互评结果	得分
2	外圆	$\phi 46_{-0.3}^{0}$ mm(2 处)	10×2	超差 0.1 扣 5 分，超差 0.2 全扣			
3		$\phi 44_{-0.3}^{0}$ mm(2 处)	10×2	超差 0.1 扣 5 分，超差 0.2 全扣			
4	长度	22 mm(2 处)	3×2	超差 0.2 扣 1 分，超差 0.5 全扣			
5		23 mm(2 处)	3×2	超差 0.2 扣 1 分，超差 0.5 全扣			
6		24 mm(2 处)	3×2	超差 0.2 扣 1 分，超差 0.5 全扣			
7		148±0.3 mm	8	超差全扣			
8	倒角	C1(ϕ48 处)	2	酌情扣分			
9		C1(ϕ46 处)	2	酌情扣分			
10		C1(ϕ44 处)	2	酌情扣分			
11	表面粗糙度	Ra 6.3 μm	4	酌情扣分			
12	安全文明生产	设备和人身安全、文明操作	2	酌情扣分			
13	其他	—	2	酌情扣分			

2. 任务总结

(1)任务注意事项。

①装刀时不能用加力管夹紧，以防止刀架压紧螺栓变形，但车刀夹紧要牢靠。

②手动进给车削端面时，车刀一定要严格对准工件旋转中心，否则车刀刀尖可能会崩碎。精确对中心的方法是用已车出的工件中心对刀。

③无论是车削外圆还是车削端面，如果对刀不准，应将中、小滑板反方向多退几圈后，再正方向重新对刀，而不是将刻度退去半格或一格，因为进刀丝杠有空行程。

④手动进给车削时，双手转动床鞍手轮、中滑板手柄一定要慢而均匀，转动越均匀，车出的工件表面粗糙度值越小。

⑤游标卡尺测量时，要注意测量方法，并准确读数，减小测量误差。

⑥在工件进行下一次装夹前，一定要检查是否倒角。

⑦工件卸下后，不能再次安装进行微量切削，因为二次装夹无法保证与前一次完全同轴。因此，工件在卸下之前一定要仔细检查。

(2)任务完成情况小结(自评)。

【任务拓展练习】

拓展任务图纸：见图 2-25 手动进给车削外圆。

拓展任务准备：CA6140 型卧式车床、砂轮机、90°偏刀、45°外圆车刀、任务三工件、0～150 mm(0.02 mm)游标卡尺、车工常用工具等。

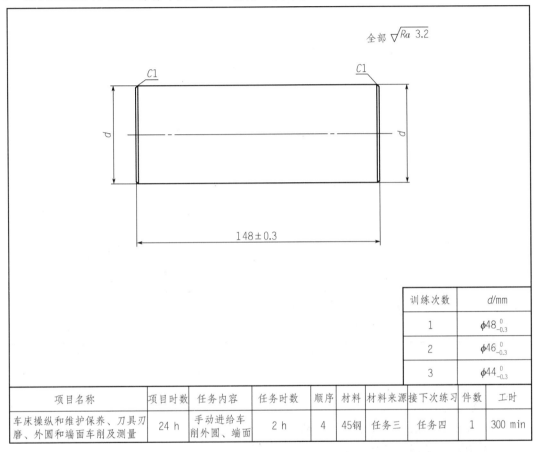

训练次数	d/mm
1	$\phi48_{-0.3}^{0}$
2	$\phi46_{-0.3}^{0}$
3	$\phi44_{-0.3}^{0}$

项目名称	项目时数	任务内容	任务时数	顺序	材料	材料来源	接下次练习	件数	工时
车床操纵和维护保养、刀具刃磨、外圆和端面车削及测量	24 h	手动进给车削外圆、端面	2 h	4	45钢	任务三	任务四	1	300 min

图 2-25　手动进给车削外圆

任务四　机动进给车削外圆、端面

🔧 任务要求

(1)掌握机动进给车削外圆的方法。

(2)掌握机动进给车削端面的方法。

(3)粗车时会用游标卡尺测量外圆、长度。

(4)精车时会用外径千分尺测量外圆。

任务分析

1. 任务图纸

按图 2-26 要求机动进给车削外圆、端面。

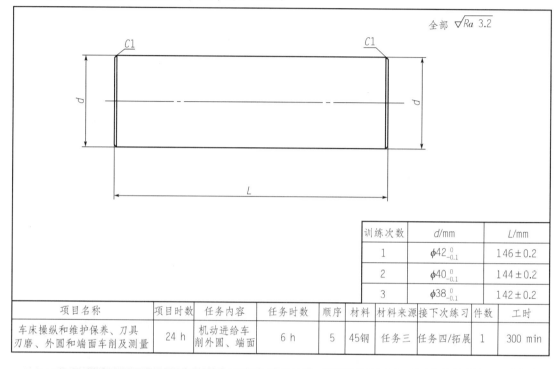

训练次数	d/mm	L/mm
1	$\phi42_{-0.1}^{0}$	146 ± 0.2
2	$\phi40_{-0.1}^{0}$	144 ± 0.2
3	$\phi38_{-0.1}^{0}$	142 ± 0.2

项目名称	项目时数	任务内容	任务时数	顺序	材料	材料来源	接下次练习	件数	工时
车床操纵和维护保养、刀具刀磨、外圆和端面车削及测量	24 h	机动进给车削外圆、端面	6 h	5	45钢	任务三	任务四/拓展	1	300 min

图 2-26 机动进给车削外圆、端面

2. 图纸分析

(1)机动进给车削与手动进给车削的区别。

(2)机动进给车削的操作方法。

(3)车削外圆尺寸时,粗车时用游标卡尺测量,精车用外径千分尺测量。

(4)车削工件总长时,要考虑两端面的平行度对尺寸的影响,因此在工件装夹时应适当进行校正。

任务准备

(1)原材料准备:任务三完成后的工件——45#圆钢($\phi44\times148$)。

(2)工具和刀具准备:车工常用工具、一字批、17~19呆扳手、12″活络扳手、45°外圆车刀、90°偏刀、垫刀片(若干)等。

(3)量具准备:0~150 mm(0.02 mm)游标卡尺、25~50 mm(0.01 mm)外径千分尺等。

(4)设备准备:CA6140型车床、砂轮机。

任务实施

(一)相关任务工艺

1. 机动进给车削工件外圆

(1)调整进给量。机动进给与手动进给车削外圆的不同之处在于,走刀这个环节是由机床自动完成的。首先要调整好车削外圆时的车刀进给量,将进给箱外右侧叠套的两手柄里面的手柄放在 A 挡位置(光杠),左侧的圆盘手柄放在 1 处,外面的手柄放在 Ⅱ 处(粗车),机动进给量为 0.16 mm/r;外面的手柄放在 Ⅰ 处(精车),机动进给量为 0.08 mm/r,就完成了机动进给量的调整,如图 2-27 所示。

(2)机动进给车削外圆的操作方法。用 90°偏刀的刀尖轻轻地对刀,根据加工余量控制好进刀量(背吃刀量)。走刀过程:将溜板箱右侧一个带十字槽的机动进给拨动手柄拨向十字孔的左端(与进给方向一致),车刀就自动向左侧实现匀速纵向前进,如图 2-28 所示。当车刀前进至距目标距离还有 5 mm 时,需将机动进给拨动手柄拨向中间位置,车刀停止机动进给,改用手动进给车削,直至车到目标位置。

图 2-27　调整机动进给量

图 2-28　拨动机动进给手柄

2. 外径千分尺测量工件外圆

1)外径千分尺的读数原理和读数方法

在车削外圆时,由于游标卡尺的测量精度有限,所以当图样上的外圆公差较小时,精车外圆过程中应采用更精密的外径千分尺测量,其测量精度为 0.01 mm。外径千分尺实物如图 2-29 所示。

外径千分尺可对不同直径的零件进行测量,测微螺杆的螺距为 0.5 mm,当微分筒转一周时,螺杆移动 0.5 mm,微分筒圆周等分为 50 小格,则微分筒转 1 格,测微螺杆转动 0.5÷50＝0.01(mm),这就是外径千分尺的读数原理。

读数方法:以微分筒的左侧边线为界,先读固定套筒上露出的总刻度数(注意区分 0.5 mm);再以固定套筒上的轴向基准线为界,读微分筒上的数字。将固定套筒上的整数与微分筒上的小数相加,即测得的外径实际尺寸。注意:微分筒转一圈为 0.5 mm,测微螺杆移动 1 mm,微分筒需转动两圈。因此,在读取微分筒数字时,要注意加或不加 0.5 的区别,如图 2-30 所示,读数值应为 ϕ35.78 mm。

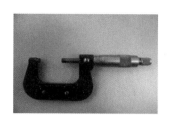

图 2-29 外径千分尺(25~50 mm)

图 2-30 外径千分尺的读数方法

2)外径千分尺的测量方法

左手持外径千分尺尺身部分,使固定量杆与工件外圆底部贴合,右手转动测力装置,同时使测微螺杆表面在工件周向做前后移动(动态寻找最大直径处),当棘轮装置发出数声响声,并将千分尺从工件表面移开时,感觉到有轻微的面接触感,此时得出正确测量的尺寸。具体的测量姿势如图 2-31 所示。

图 2-31 用外径千分尺测量工件外圆

3. 机动进给车削工件端面

将 45°外圆车刀首先对中心,然后用左侧刀尖轻轻地对刀,转动中滑板手柄,将车刀刀尖退出工件端面以后,计算进刀刻度并进刀,使车刀刀尖趋近工件,将自动进给操纵手柄拨向前方(与进给方向一致),车刀就做匀速的横向机动进给。当车刀车至端面中心处时,将自动进给停下,改用手动进给,因为中心处切削速度小,机动进给容易使刀尖崩碎。

4. 机动进给车削外圆、端面缺陷分析

机动进给车削外圆、端面常见缺陷分析如表 2-7 所示。

表 2-7 机动进给车削外圆、端面常见缺陷分析

存在问题	主要原因
外圆尺寸不正确	对刀不正确,车刀对得太深
	千分尺测量不正确,没有测得工件最大直径
	车削余量计算不正确,没有掌握车削方法
外圆表面粗糙	车刀刃磨时,副偏角太大
	精车时机动进给量太太
工件不倒角	没有养成及时倒角的习惯(未注倒角 C0.5)

(二)任务操作步骤

(1)夹工件一半长处，校正，用加力管夹紧。

(2)用游标卡尺测量工件外圆，用90°偏刀粗车。对刀，进刀，调整机动进给的进给量，将机动进给操纵手柄拨向左端(车刀实现机动进给)，当车至离目标长度还有5 mm时，改机动进给为手动进给，并车至目标长度。粗车外圆至ϕ42.3 mm。

(3)改用外径千分尺精确测量外径尺寸，并根据实测数据进行精车，车削过程：装精车刀，对刀，进刀，调整机动进给的进给量，当机动进给至离目标长度还有5 mm时，改机动进给为手动进给，并车至目标长度，重复车削外圆的四个步骤，将外圆车至$\phi42_{-0.1}^{0}$ mm，倒角。

(4)换45°外圆车刀，机动进给车削工件端面，第一个面只要车出即可。

(5)将工件掉头装夹，在装夹之前，用游标卡尺测量工件总长，并用第(4)步的过程将工件总长车至图纸要求。

(6)重复(2)和(3)两个步骤，将另一端外圆车至尺寸要求，倒角。

(7)检查，下车。

【任务检测与总结】

1. 任务检测与反馈

对机动进给车削外圆、端面进行检查评价，评分表如表2-8所示。

表2-8　机动进给车削外圆、端面评分表

车床编号：　　　　　　姓名：　　　　　　学号：　　　　　　成绩：

序号	项目	检测项目	配分	评分标准	自评结果	互评结果	得分
1	外圆	$\phi42_{-0.1}^{0}$ mm(2 处)	8×2	超差全扣			
2		$\phi40_{-0.1}^{0}$ mm(2 处)	8×2	超差全扣			
3		$\phi38_{-0.1}^{0}$ mm(2 处)	8×2	超差全扣			
4	长度	(146±0.2)mm	6	超差全扣			
5		(144±0.2)mm	6	超差全扣			
6		(142±0.2)mm	6	超差全扣			
7	外圆表面粗糙度	Ra 3.2 μm(ϕ42 mm)(2 处)	2×2	超差全扣			
8		Ra 3.2 μm(ϕ40 mm)(2 处)	2×2	超差全扣			
9		Ra 3.2 μm(ϕ38 mm)(2 处)	2×2	超差全扣			
10	倒角	C1(ϕ42 mm)(2 处)	2×2	超差全扣			
11		C1(ϕ40 mm)(2 处)	2×2	超差全扣			
12		C1(ϕ38 mm)(2 处)	2×2	超差全扣			
13	安全文明生产		10	酌情扣分			

2. 任务总结

(1)任务注意事项。

①在进行机动进给车削前，首先检查机动进给量的设置。

②调整机动进给的进给量时，应在主轴低速转动或停转时进行，并用右手转动卡盘，左手调整进给手柄。

③当车削至距目标长度还有 5 mm 时，需将机动进给停下，改用手动进给，以防出现危险。

④在精车外圆时，千分尺的测量要正确，这是车削正确的前提。

(2)任务完成情况小结(自评)。

【任务拓展练习】

拓展任务图纸：见图 2-32 机动进给车削外圆。

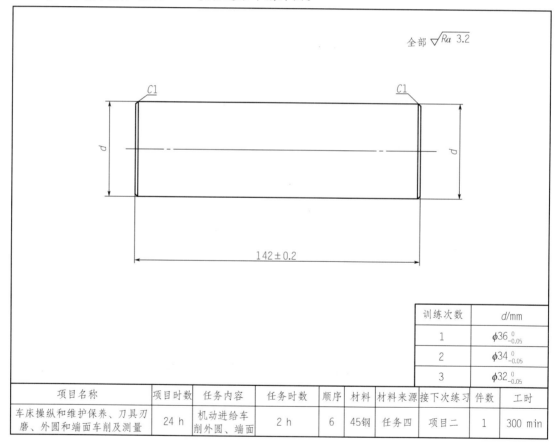

训练次数	d/mm
1	$\phi 36_{-0.05}^{0}$
2	$\phi 34_{-0.05}^{0}$
3	$\phi 32_{-0.05}^{0}$

项目名称	项目时数	任务内容	任务时数	顺序	材料	材料来源	接下次练习	件数	工时
车床操纵和维护保养、刀具刃磨、外圆和端面车削及测量	24 h	机动进给车削外圆、端面	2 h	6	45钢	任务四	项目二	1	300 min

图 2-32　机动进给车削外圆

拓展任务准备：CA6140 型车床、砂轮机、90°偏刀、45°外圆车刀、任务四工件、0～150 mm(0.02 mm)游标卡尺、25～50 mm(0.01 mm)外径千分尺、车工常用工具等。

项目二

车削外圆、端面和台阶

项目导引

(1)能够用试切试测法车削外圆，保证尺寸在公差 0.05 mm 之内。

(2)能够正确刃磨车刀的几何角度，车出的端面平直、光洁。

(3)学会车削台阶工件，明确台阶工件的技术要求。

(4)学会选择合理的切削用量，钻出符合图样要求的中心孔。

(5)学会采用一夹一顶的装夹方法车削轴类工件。

任务一　接刀车削外圆

任务要求

(1)学会对工件进行正确安装。

(2)学会应用试切试测法控制外圆尺寸。

(3)能够用游标卡尺、外径千分尺测量工件的总长和外圆。

(4)针对粗、精车不同的加工阶段，学会合理选择切削用量。

任务分析

1. 任务图纸

按图 2-33 所示要求接刀车削外圆。

2. 图纸分析

(1)工件的外圆公差为 0.05 mm，用什么车削方法控制？

(2)工件的长度公差为 0.4 mm，如何保证？

(3)要保证工件尺寸精度，必须掌握哪些车削方法和测量方法？

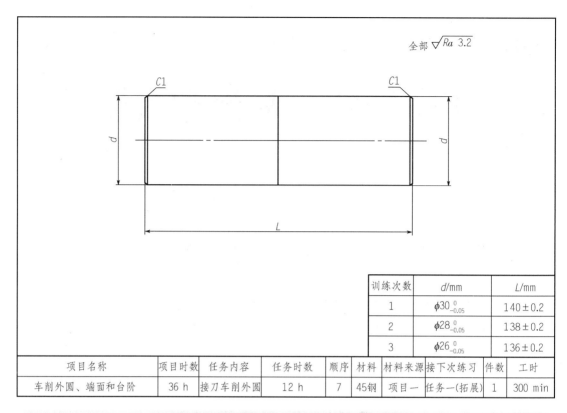

全部 $\sqrt{Ra\ 3.2}$

训练次数	d/mm	L/mm
1	$\phi 30_{-0.05}^{0}$	140 ± 0.2
2	$\phi 28_{-0.05}^{0}$	138 ± 0.2
3	$\phi 26_{-0.05}^{0}$	136 ± 0.2

项目名称	项目时数	任务内容	任务时数	顺序	材料	材料来源	接下次练习	件数	工时
车削外圆、端面和台阶	36 h	接刀车削外圆	12 h	7	45钢	项目一	任务一(拓展)	1	300 min

图 2-33　接刀车削外圆

任务准备

(1)原材料准备:项目一完成后的工件($\phi 32 \times 142$)。

(2)工具和刀具准备:车工常用工具、一字批、17~19 呆扳手、12″活络扳手、45°外圆车刀、90°偏刀(粗、精车刀各一把)等。

(3)量具准备:0~150 mm(0.02 mm)游标卡尺、25~50 mm(0.01 mm)外径千分尺等。

(4)设备准备:CA6140 型车床、砂轮机。

任务实施

(一)相关任务工艺

1. 车刀的安装

(1)车刀在方刀架上的伸出长度应尽量短,以增强其刚性。伸出长度为刀柄厚度的1.0~1.5倍。车刀下面垫刀片的数量要尽可能少(一般为2~5片),并与刀架边缘平齐,且至少用两个螺栓平整压紧,以防振动。

（2）车刀刀尖应与工件旋转中心等高。在车削外圆时，如果车刀刀尖高于工件中心，会使车刀的实际工作后角小于刃磨后角，增大车刀后面与工件之间的摩擦；如果车刀刀尖低于工件中心，会使车刀的实际工作前角减小，切削阻力增大。

2. 工件的安装

应尽可能增大工件的装夹面积，工件夹紧要牢靠，避免因工件未夹牢而飞出伤人。

3. 试切试测法车削外圆

首先对工件进行粗车，粗车时切削用量的选择原则是：

（1）较大的背吃刀量。

（2）较大的进给量。

（3）中等切削速度。

粗车时工件的外圆和长度都用游标卡尺测量，外圆尺寸留 0.3 mm 左右精车余量。

精车时切削用量的选择原则是：

（1）较高的切削速度。

（2）较小的进给量。

（3）较小的背吃刀量。

精车时工件的外圆和长度用外径千分尺、游标卡尺测量。

为了避免工件精车时因超差而报废，在精车外圆时采用试切试测法车削。具体方法如下：

（1）调整工件转速为高速，调整机床进给量为较小值，背吃刀量由余量决定。

①首先在工件外圆表面轻轻对刀，对好刀后不进刀就走刀车约 6 mm 的长度，将走刀停下，中滑板不退刀，顺时针转动床鞍手轮，使车刀退出工件。

②用外径千分尺测量刚车出的 6 mm 处的外圆尺寸（消除对刀误差），根据实际测得的数值，中滑板进刀，机动进给又车约 6 mm 的长度，车刀再次由床鞍手轮顺时针转动而退出。

③用外径千分尺测量刚车出的 6 mm 长度处的外圆，如果尺寸正确，则中滑板刻度不作改动，直接就可机动进给车削至要求长度；如果尺寸还大，根据余量，中滑板再进行微量进给，再进行车削并测量，直至尺寸完全正确为止，然后进行整段长度的车削。试切试测法的实质：在工件端口处通过一小段长度的试车削试测量，待尺寸完全正确后再进行整段长度的车削，如图 2-34 所示。该方法能有效防止工件报废，并提高加工效率。

（2）如果试切部分将外圆尺寸车小了，必须利用后续部分重新进行试切削。

图 2-34 试切试测法车削工件外圆

4. 接刀工件的装夹校正和车削要求

接刀工件装夹时，校正必须从严要求，否则会造成由于工件外圆表面的接刀偏差过大而报废。加工时的具体方法：工件分两次装夹，在车削工件的第一端时，长度应留得长一些(比工件总长的一半略长)，这样调头装夹时由于卡爪的夹持部分较长，能有效修正卡爪的直线误差，增强三爪卡盘的自定心效果。也可利用安装撞块的方法来实现工件的自定心要求。

在工件的第一端车削时，车刀应在离卡爪还有 5 mm 处就将机动进给停下，改用手动进给车削，以防发生危险。在精车时，要使用精车刀，车刀要保持锋利。最后一刀的精车余量要适当，约为 0.3 mm，过大或过小都会影响工件的加工精度和表面粗糙度。

5. 接刀车削外圆缺陷分析

接刀车削外圆常见缺陷分析如表 2-9 所示。

表 2-9　接刀车削外圆常见缺陷分析

存在问题	主要原因
外圆尺寸不正确	精车时没有应用试切试测法
	千分尺测量不正确，没有测得工件的最大直径
	没有使用精车刀；精车刀不锋利
外圆表面粗糙	车刀的副偏角太大
	精车时切削用量选择不合理
长度尺寸不正确	工件的左右两端面不平行；工件装夹时没做校正
	游标卡尺的测量有误差
接刀不符合要求	工件装夹时没做校正
锐角处不倒角	没有养成及时倒角的习惯(未注倒角 C0.5)

(二)任务操作步骤

(1)夹持工件长度约 65 mm，先车削工件端面(光出即可)；再粗车外圆：选择工件转速为中速(500 r/min)，进给量为 0.16 mm/r，背吃刀量为 1 mm，机动进给车至离卡爪约 5 mm 时停下，改用手动进给车至目标长度后退刀。

(2)用游标卡尺测量已车出的工件外径，再次进行粗车，留精车余量 0.3 mm 左右。

(3)精车：选择工件转速为高速(1 120 r/min)，进给量为 0.08 mm/r，轻轻地在外圆表面对刀，不进刀，直接车约 6 mm 长度，机动进给停下，移动床鞍将车刀退出，用外径千分尺测量刚车出的 6 mm 处的外圆尺寸，根据测得数值，中滑板进刀，机动进给车约 6 mm 长处再次移动床鞍退出车刀，并用外径千分尺测量刚车好的外圆。如果外径尺寸已正确，可直接车至所需长度；如果外径尺寸不正确，则继续试切，直到正确为止；如果外径尺寸车小了，则往里有余量处再次进行试切试测，直至尺寸正确方可进行整段长度的外圆精车，最后倒角。

(4)工件掉头，夹住已车好的一端外圆(夹一半长)，稍作校正，车工件总长。测量时需将工件拆下测量，测量好后再将其装到车床上夹紧车削。车好总长后，车工件外圆(同步骤(3))，精车时仍要采用试切试测法(略)。倒角，检查。

【任务检测与总结】

1. 任务检测与反馈

对接刀车削外圆进行检查评价，评分表如表 2-10 所示。

表 2-10　接刀车削外圆评分表

车床编号：　　　　　姓名：　　　　　学号：　　　　　成绩：

序号	项目	检测项目	配分	评分标准	自评结果	互评结果	得分
1	外圆	$\phi 30_{-0.05}^{0}$ mm(2 处)	8×2	超差全扣			
2		$\phi 28_{-0.05}^{0}$ mm(2 处)	8×2	超差全扣			
3		$\phi 26_{-0.05}^{0}$ mm(2 处)	8×2	超差全扣			
4	长度	(140±0.2)mm	5×2	超差全扣			
5		(138±0.2)mm	5×2	超差全扣			
6		(136±0.2)mm	5×2	超差全扣			
7	外圆表面粗糙度	$Ra\ 3.2\ \mu m$($\phi 30$ mm, 2 处)	2×2	超差全扣			
8		$Ra\ 3.2\ \mu m$($\phi 28$ mm, 2 处)	2×2	超差全扣			
9		$Ra\ 3.2\ \mu m$($\phi 26$ mm, 2 处)	2×2	超差全扣			
10	倒角	C1($\phi 30$ mm, 2 处)	1×2	超差全扣			
11		C1($\phi 28$ mm, 2 处)	1×2	超差全扣			
12		C1($\phi 26$ mm, 2 处)	1×2	超差全扣			
13		安全文明生产	4	酌情扣分			

2. 任务总结

(1)任务注意事项。

①在机动进给车削时，应及时将机动进给停下，改用手动进给，以防发生危险。

②试切试测时，千分尺的测量要正确，并尽量将外圆由大慢慢车小，避免出现试切时就将尺寸车小的情况。

③接刀车削外圆时，应尽可能地减小工件两端外圆的接刀误差，即两外圆的同轴度误差。

④要将尺寸车对，首先要使车刀保持锋利，这是车对尺寸的前提。

⑤要养成随手倒角的习惯。

(2)任务完成情况小结(自评)。

【任务拓展练习】

拓展任务图纸：见图 2-35 接刀车削外圆。

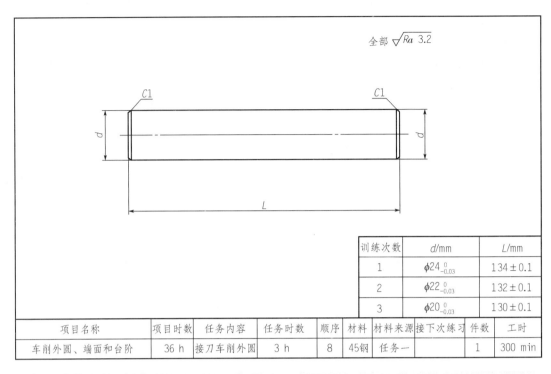

图 2-35　接刀车削外圆

训练次数	d/mm	L/mm
1	$\phi 24_{-0.03}^{0}$	134 ± 0.1
2	$\phi 22_{-0.03}^{0}$	132 ± 0.1
3	$\phi 20_{-0.03}^{0}$	130 ± 0.1

项目名称	项目时数	任务内容	任务时数	顺序	材料	材料来源	接下次练习	件数	工时
车削外圆、端面和台阶	36 h	接刀车削外圆	3 h	8	45钢	任务一		1	300 min

拓展任务准备：CA6140 型车床、砂轮机、90°偏刀、45°外圆车刀、任务一工件($\phi26\times136$)、0～150 mm(0.02 mm)游标卡尺、0～25 mm(0.01 mm)外径千分尺、25～50 mm(0.01 mm)外径千分尺、车工常用工具等。

任务二　车削台阶轴

🔧 任务要求

(1)能够正确选择车削台阶轴用的车刀，并进行刃磨和安装。

(2)掌握用一夹一顶的装夹方法车削台阶轴。

(3)掌握钻中心孔的方法。

(4)能够合理选择粗、精车时的切削用量。

(5)能够车出符合图样要求的台阶轴。

🔧 任务分析

1. 任务图纸

按图 2-36 所示要求车削台阶轴。

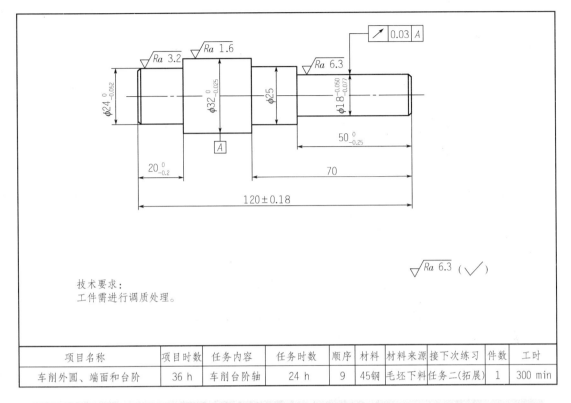

技术要求:
工件需进行调质处理。

$$\sqrt{Ra\ 6.3}\ (\sqrt{})$$

项目名称	项目时数	任务内容	任务时数	顺序	材料	材料来源	接下次练习	件数	工时
车削外圆、端面和台阶	36 h	车削台阶轴	24 h	9	45钢	毛坯下料	任务二(拓展)	1	300 min

图 2-36　车削台阶轴

2. 图纸分析

(1)要保证位置公差,工件必须采用一夹一顶装夹,使 $\phi32_{-0.025}^{0}$ mm 和 $\phi18_{-0.077}^{-0.050}$ mm 两处外圆在一次装夹的情况下完成车削。

(2)该台阶轴长度尺寸的设计基准是右端面,加工时应从右端面开始车削各挡台阶长度。

(3)$\phi18_{-0.077}^{-0.050}$ mm 外圆的上偏差为 —0.050 mm,不是 0。

(4)$\phi32_{-0.025}^{0}$ mm 处外圆的表面粗糙度为 $Ra\ 1.6\ \mu$m。

🔍**任务准备**

(1)原材料准备:毛坯下料($\phi36\times124$)(45 钢)。

(2)工具和刀具准备:车工常用工具、钻夹头($\phi1\sim13$)、中心钻 A3 若干、活络顶尖(莫氏 5 号)、一字批、17~19 呆扳手、12″活络扳手、45°外圆车刀、90°偏刀(粗、精车刀各一把)等。

(3)量具准备:0~150 mm(0.02 mm)游标卡尺、0~25 mm(0.01 mm)外径千分尺、25~50 mm(0.01 mm)外径千分尺、0~200 mm(0.02 mm)深度游标卡尺等。

(4)设备准备:CA6140 型车床、砂轮机。

任务实施

(一)相关任务工艺

1. 什么叫台阶轴

由若干个大小不同的外圆和环形端面组成，形状与生活中的台阶类似的轴类零件叫台阶轴。

2. 台阶轴的技术要求

(1)外圆和长度尺寸、表面粗糙度符合图样要求。

(2)台阶平面与工件外圆要垂直，如图 2-37 所示用刀口角尺检查台阶轴的垂直度。

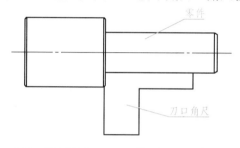

图 2-37　用刀口角尺检查台阶轴的垂直度

(3)位置精度符合图样要求。

3. 台阶轴的车削方法及测量方法

1)车刀的选择及安装

由于台阶轴外圆表面与端面之间的夹角为 90°，所以精车台阶轴只能用 90°偏刀。车削过程中，必须分别应用粗、精车刀。车刀的安装要求如下：

(1)车刀刀尖严格对准工件旋转中心；

(2)工作主偏角大于 90°，副偏角正确。

2)工件的装夹

轴类零件加工时，如果零件长度较短，可以采用卡爪单夹的方法夹持工件进行车削加工；当零件较长、精度要求较高、有后续工种的加工要求及有位置精度要求时，都应采用一夹一顶的装夹方法，这种装夹方法刚性最好，应用最广泛。

3)钻中心孔

国家标准 GB 145—1985 规定中心钻有四种：A 型(不带护锥)、B 型(带护锥)、C 型(带螺纹孔)、R 型(带弧型)。图 2-38 所示为常用 A 型和 B 型中心钻。

由于中心钻钻削部分直径很小，钻削中心孔时应选择较高的工件转速(1 000 r/min

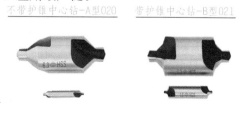

图 2-38　A 型和 B 型中心钻

以上），如图 2-39 所示。中心钻切削部分刚性差，钻削时手动进给量要小而均匀，$f=0.05\sim 0.20$ mm/r。在钻削过程中，如感觉进给费力，应及时将中心钻退出排屑，以防中心钻折断。

4）一夹一顶装夹方法

使用一夹一顶装夹工件时，尾部顶尖可以采用两种：死顶尖和活络顶尖。死顶尖的定心精度高，但由于顶尖表面与工件中心孔表面是滑动摩擦，如果冷却不及时，容易使顶尖烧死在中心孔内。实际加工中，当工件位置精度要求不是很高时，常用活络顶尖作为后顶尖支撑工件。活络顶尖用滚动摩擦代替滑动摩擦，避免了死顶尖的缺陷，在实际生产中应用广泛。

装夹时先以工件中心孔定位，将工件中心孔支撑在尾座的活络顶尖上，同时用卡爪夹紧工件另一端的外圆，注意卡爪夹持外圆部分的长度不能太长（小于 20 mm），否则会造成过定位，影响装夹的稳定性。另外，为保证工件的装夹刚性，尾座套筒不能伸出太长。一夹一顶装夹工件的方法如图 2-40 所示。

图 2-39　钻中心孔时工件高速旋转

图 2-40　一夹一顶装夹工件方法

5）台阶长度控制方法

粗车时，台阶长度控制可以直接看大滑板刻度，初学者则可用图 2-41 所示的刻线痕法来控制。

图 2-41　刻线痕法控制台阶长度

精车时，台阶长度的控制方法：

（1）当台阶长度较长时，用深度游标卡尺测量，并进行试切试测加工，方法如下：用 90°偏刀轻轻地在工件台阶端面处对刀，根据深度游标卡尺测得的数值，结合小滑板刻度进刀，转动中滑板手柄走刀，车至与外圆表面平齐后，逆时针转动中滑板手柄退刀，再测量。如果长度还长，利用小滑板刻度再进刀，再切削，再测量，直至尺寸正确为止。注意：此过程中，床鞍不能动，只有中、小滑板能移动。

(2)当台阶长度较短时，直接用小滑板刻度控制，无须用量具测量。例如，当车削 $20_{-0.2}^{0}$ mm 台阶时，用 90°偏刀轻轻地在工件右端面处对刀(用小滑板对刀)，然后以对刀后的小滑板刻度为基准，使小滑板向右移动 20 mm，小滑板转过的刻度数为整 4 圈(小滑板转 1 圈是 5 mm)，转动小滑板格数时还应考虑该尺寸的偏差影响。

6)台阶轴外圆的控制方法

台阶轴外圆的控制方法与任务一接刀车削外圆方法一样(略)。

4. 车削台阶轴缺陷分析

车削台阶轴常见缺陷分析如表 2-11 所示。

表 2-11　车削台阶轴常见缺陷分析

存在问题	主要原因
台阶长度不正确	粗车时，没用刻线痕法或用床鞍刻度控制长度
	精车时，没用试切试测法或直接用小滑板刻度控制长度
	长度精车时，控制值不是两偏差的中间值
	深度尺测量时，测量方法不正确
台阶面不垂直	90°偏刀的主偏角刃磨或安装不正确
	精车台阶时，没用刀尖由里往外精车台阶端面
外圆尺寸不正确	外径千分尺测量不正确
	精车外圆时，没用试切试测法控制外圆尺寸
锐角处不倒角	没有养成及时倒角的习惯(未注倒角 C0.5)

(二)任务操作步骤

(1)夹持毛坯长度一半处，粗车外径至 $\phi 33$ mm×60 mm。

(2)掉头夹持已车的 $\phi 33$ mm 外圆处，工件伸出长度大于(或等于)101 mm，钻中心孔，车削端面。

(3)用活络顶尖支撑中心孔，粗车台阶 $\phi 19$ mm×49 mm，$\phi 26$ mm×69 mm。

(4)精车各挡台阶：$\phi 18_{-0.077}^{-0.050}$ mm×$50_{-0.25}^{0}$ mm，$\phi 25$ mm×70 mm，$\phi 32_{-0.025}^{0}$ mm，倒角 C1。

(5)工件掉头，夹 $\phi 25$ mm 外圆处(表面包一层铜皮)，车削工件总长至($120±0.18$)mm。

(6)粗、精车台阶 $\phi 24_{-0.052}^{0}$ mm×$20_{-0.2}^{0}$ mm，倒角 C1。

(7)检查各挡尺寸，下车。

【任务检测与总结】

1. 任务检测与反馈

对车削台阶轴进行检查评价，评分表如表 2-12 所示。

表 2-12 车台阶轴评分表

车床编号： 姓名： 学号： 成绩：

序号	项目	检测项目	配分	评分标准	自评结果	互评结果	得分
1	外圆	$\phi 32_{-0.025}^{0}$ mm Ra 1.6 μm	10 5	超差全扣			
2		$\phi 24_{-0.052}^{0}$ mm Ra 1.6 μm	8 2	超差全扣			
3		$\phi 18_{-0.077}^{-0.050}$ mm Ra 3.2 μm	8 2	超差全扣			
4	长度	$\phi 25$ mm	5	酌情扣分			
5		(120 ± 0.18)mm	6	超差全扣			
6		$20_{-0.2}^{0}$ mm	6	超差全扣			
7		$50_{-0.25}^{0}$ mm	6	超差全扣			
8		70 mm	5	酌情扣分			
9	位置公差	⌖ 0.03 A	10	超差全扣			
10	倒角	C1(2 处)	3×2	超差全扣			
11		C0.5(其余)	6	超差全扣			
12	粗糙度	Ra 6.3 μm	6	酌情扣分			
13		安全文明生产	10	酌情扣分			

2. 任务总结

(1)任务注意事项。

①钻中心孔时，应时刻关注工件的排屑状况，防止中心钻折断。

②一夹一顶车削时，活络顶尖应始终与工件一起回转，在强力车削时，切削力会使工件往左移动，如果工件没有轴向限位，顶尖支撑不起作用，会产生危险。

③粗车台阶长度，长度余量为 1 mm 左右。

④精车台阶的最后一刀，应使90°偏刀由里往外走刀，使台阶面与外圆表面保持垂直，也就是"清角"。

⑤精车短台阶长度，要充分利用小滑板刻度控制法，简便、准确。

⑥用深度游标卡尺测量长台阶工件，深度尺的基准尺一定要与工件端面贴平，否则会产生测量误差。

⑦养成随手倒角的习惯。

(2)任务完成情况小结(自评)。

【任务拓展练习】

拓展任务图纸：见图 2-42 车削台阶轴。

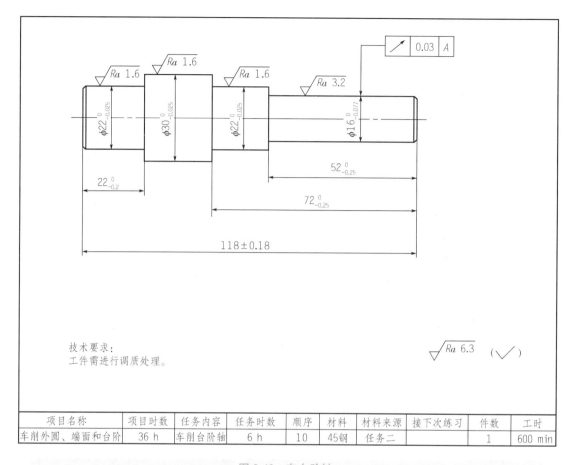

技术要求:
工件需进行调质处理。

$\sqrt{Ra\ 6.3}$ $(\sqrt{\quad})$

图 2-42　车台阶轴

项目名称	项目时数	任务内容	任务时数	顺序	材料	材料来源	接下次练习	件数	工时
车削外圆、端面和台阶	36 h	车削台阶轴	6 h	10	45钢	任务二		1	600 min

拓展任务准备：CA6140 型车床、砂轮机、90°偏刀、45°外圆车刀、任务一工件(ϕ26×136)、0～150 mm(0.02 mm)游标卡尺、0～25 mm(0.01 mm)外径千分尺、25～50 mm(0.01 mm)外径千分尺、0～200 mm(0.02 mm)深度游标卡尺、车工常用工具等。

项目三

车槽和切断

(1)了解外沟槽的种类和作用。

(2)掌握车槽刀和切断刀的几何参数，并能正确刃磨车槽刀和切断刀。

(3)掌握车槽和切断的对刀技能。

(4)学会正确并独立完成矩形沟槽和切断的操作技能。

(5)能够正确利用不同量具检测槽和切断件的各个尺寸。

任务一　车削矩形外沟槽

🔧 任务要求

(1)刃磨后，车槽刀的几何角度必须正确。

(2)车槽刀的所有刀面尽量磨成一个平面。

(3)车槽刀主、副刀刃磨成一条直线。

(4)能够掌握矩形沟槽的车削方法和测量方法。

(5)能够独立分析解决在加工过程中出现的问题。

🔧 任务分析

1. **任务图纸**

按图 2-43 所示要求车削矩形外沟槽。

2. **图纸分析**

(1)车削矩形沟槽使用什么车刀？车刀装夹有何要求？

(2)槽径、槽宽尺寸的精度保证。

(3)矩形沟槽定位尺寸的保证。

(4)如何保证槽的两侧面与槽底面互相垂直？

(5)槽的两侧面与槽底相交处的清角。

(6)表面粗糙度达到要求。

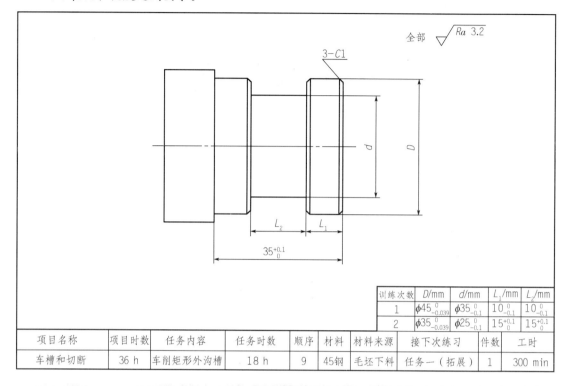

训练次数	D/mm	d/mm	L_1/mm	L_2/mm
1	$\phi45_{-0.039}^{0}$	$\phi35_{-0.1}^{0}$	$10_{-0.1}^{0}$	$10_{-0.1}^{0}$
2	$\phi35_{-0.039}^{0}$	$\phi25_{-0.1}^{0}$	$15_{0}^{+0.1}$	$15_{0}^{+0.1}$

项目名称	项目时数	任务内容	任务时数	顺序	材料	材料来源	接下次练习	件数	工时
车槽和切断	36 h	车削矩形外沟槽	18 h	9	45钢	毛坯下料	任务一(拓展)	1	300 min

图 2-43 车削矩形外沟槽

任务准备

(1)原材料准备:45#圆钢(ϕ45×150),1段/生。

(2)工具和刀具准备:车工常用工具,45°外圆、端面车刀,90°偏刀,车槽刀,垫刀片(若干)。

(3)量具准备:0~150 mm(0.02 mm)游标卡尺、25~50 mm(0.01 mm)千分尺、0~200 mm(0.02 mm)深度游标卡尺等。

(4)设备准备:CA6140 型车床、砂轮机。

任务实施

一、相关任务工艺

在外圆、轴肩部分和平面上车出各种形状的沟槽称为车外沟槽。常见的外沟槽有矩形沟槽、端面沟槽、圆弧沟槽和梯形沟槽等,如图2-44所示。

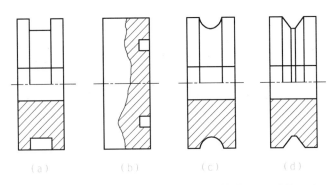

图 2-44 常见的外沟槽形状
(a)矩形沟槽；(b)端面沟槽；(c)圆弧沟槽；(d)梯形沟槽

矩形沟槽能使所装配的零件有正确的轴向位置，在车螺纹、磨削等加工过程中便于退刀。

1. 车槽刀

(1)高速钢车槽刀的几何角度如图 2-45 所示。

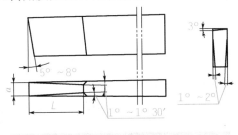

图 2-45 直形高速钢车槽刀

(2)高速钢车槽刀几何参数的选择原则如表 2-13 所示。

表 2-13 高速钢车槽刀几何参数的选择原则

角度	作用	初步选择
主偏角	车槽刀以横向进给为主	90°
前角	前角增大能使车刀刃口锋利，切削省力，并使切屑顺利排出	车削中碳钢工件时，取前角为 20°～30°；车削铸铁工件时，取前角为 0°～10°
后角	减小车槽刀主后面与工件过渡表面间的摩擦	一般取后角为 5°～7°
副后角	减小车槽刀副后面与工件已加工表面间的摩擦；考虑到车槽刀的刀头狭长，两个副后角应取较小值	车槽(切断)刀有两个对称的副后角，取副后角为 1°～2°
刃倾角	使切屑呈直线状并自动流出，然后再卷成"宝塔形"切屑，即锥盘旋状切屑，则不会堵塞在工件槽中	通常刃倾角取 0°，也可取 3°，一般可取左高右低
主切削刃宽度	车狭窄的外沟槽时，将车槽刀的主切削刃磨成与工件槽宽相等的形状。对于较宽的沟槽，选择好车槽刀的主切削刃宽度 a，分几次车出	一般采用经验公式计算：$a≈(0.5～0.6)d$，式中 d 为工件直径，mm

续表

角度	作用	初步选择
刀头长度	刀头长度要适中，刀头太长容易引起振动，甚至会使刀头折断	一般采用经验公式计算：$L=h+(2\sim3)$mm，式中 h 为切入深度

注意：主切削刃宽度 a：太宽会产生振动(切削力太大)，太窄会削弱刀头强度。

刀头长度 L：太长易振动和折断。

2. 车槽刀的装夹

车槽刀的装夹如图 2-46 所示。

(1)矩形车槽刀中心线垂直于工件轴心线。

(2)装夹时，切槽刀不宜伸出过长。

(3)切槽刀的主切削刃必须与工件中心等高。

(4)车刀主切削刃与工件外圆轴线保持平行。

3. 车削矩形外沟槽的方法及步骤

方法：

(1)车削精度不高且宽度较窄的矩形外沟槽时，可用主切削刃宽度等于槽宽、刀头长度大于槽深的车槽刀，采用一次进给法车出，如图 2-47(a)所示。

(2)车削有精度要求且宽度较大的矩形外沟槽时，一般采用多次直进法车出，如图 2-47(b)、(c)所示。

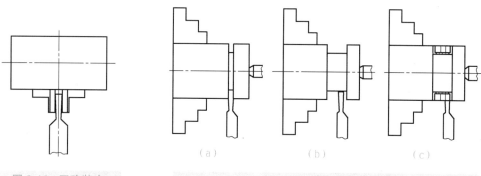

（a）　　　　（b）　　　　（c）

图 2-46　正确装夹　　　　图 2-47　车削矩形外沟槽

步骤：

(1)刻线确定矩形外沟槽的轴向位置。

(2)粗车成形，在两侧槽壁及槽底留 0.1～0.3 mm 的精车余量。

(3)精车第一槽壁作为基准面进行精确定位。

(4)精车第二槽壁，通过试切试测法保证槽宽至尺寸要求。

(5)精车槽底保证槽底直径至尺寸要求。

(6)检查，倒角。

4. 矩形外沟槽的检测

(1)精度要求低的沟槽，一般采用钢直尺和卡钳测量。

(2)精度要求较高的沟槽，底径可用千分尺，槽宽可用游标卡尺检查测量，如图 2-48 所示。

图 2-48　矩形槽槽径和槽宽的测量

二、任务操作步骤

(一)刃磨车槽刀

矩形车槽刀刃磨步骤如图 2-49 所示。

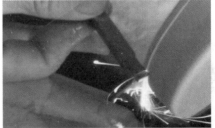
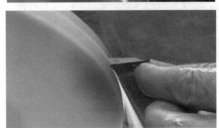

图 2-49　矩形车槽刀刃磨步骤

1. 粗磨(磨出角度即可)

(1)选择砂轮：粒度号 46#～60#，氧化铝。

(2)步骤：

①粗磨两侧副后刀面，两侧副后角取 1°～2°，两侧副偏角取 1°～1°30′，控制刀头宽，

留精车余量。

②粗磨主后刀面，主后角取 6°～8°。

③粗磨前刀面，前角取 20°～40°。

2. 精磨(面平，刃直，刀尖锋利)

(1)选择砂轮：粒度号 80#～120#，碳化硅。

(2)步骤：

①修磨两侧副后刀面，保证刀头宽和两副后角、两副偏角对称。

②修磨主后刀面，保证主切削刃平直。

③修磨前刀面，保持主切削刃平直、刀尖锋利。

④修磨刀尖，两刀尖处各磨一圆弧过渡刃。

(二)车削矩形外沟槽(主轴转速 $n = 400$ r/min，进给量 $f = 0.15$ mm/r)

1. 装夹工件和车刀

(1)装夹工件。

工件装夹方法如图 2-50 所示，采用单夹方法或一夹一顶装夹方法。

(2)装夹车刀。

车刀装夹方法如图 2-51 所示。

①对中心：刀尖对准顶尖或对准工件中心。

②刀头伸出长度小于 2 倍的刀杆高度。

③刀杆与工件轴线垂直。

图 2-50 工件装夹方法

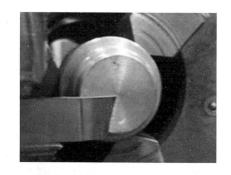

图 2-51 车刀装夹方法

2. 车削步骤

(1)车端面，粗车外圆至 $\phi 40.5$ mm×35 mm，如图 2-52(a)所示。

(2)确定沟槽位置，如图 2-52(b)、(c)所示。

以右端面为基准面，在 11 mm 处刻第一条线，在 24 mm 处刻第二条线，确定沟槽位置。

(3)粗车矩形外沟槽，如图 2-52(d)所示。

在两条刻线间，车刀主切削刃接触工件 $\phi 40.5$ mm 外圆，中滑板刻度盘调至"0"位线，计算中滑板横向进给量 10 mm，粗车矩形外沟槽槽底和槽宽，槽宽留精车余量 0.5 mm。

（4）精车矩形外沟槽，如图 2-52(e)所示。

精车右侧槽壁保证 10 mm 长度，精车左侧槽壁保证 15 mm 长度，精车槽底保证槽径 ϕ35 mm 至尺寸要求。

（5）精车外圆 ϕ40 mm 至尺寸要求，倒角。

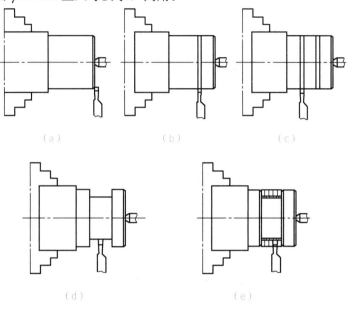

（a）　　　　　　（b）　　　　　　（c）

（d）　　　　　　　（e）

图 2-52　车外沟槽

【任务检测与总结】

1. 任务检测与反馈

对车削矩形外沟槽进行检查评价，评分表如表 2-14 所示。

表 2-14　车削矩形外沟槽评分表

车床编号：　　　　　　姓名：　　　　　　学号：　　　　　　成绩：

序号	项目	检测项目	配分	评分标准	自评结果	互评结果	得分
1	D	$\phi45_{-0.039}^{0}$ mm	12	超差 0.01 扣 4 分，超差 0.02 全扣			
	d	$\phi35_{-0.1}^{0}$ mm	12	超差 0.02 扣 4 分，超差 0.03 全扣			
	L_1	$10_{-0.1}^{0}$ mm	9	超差 0.02 扣 4 分，超差 0.03 全扣			
	L_2	$15_{0}^{+0.1}$ mm	9	超差 0.02 扣 4 分，超差 0.03 全扣			
	倒角		3	酌情扣分			

续表

序号	项目	检测项目	配分	评分标准	自评结果	互评结果	得分
2	D	$\phi35_{-0.039}^{0}$ mm	12	超差 0.01 扣 4 分，超差 0.02 全扣			
	d	$\phi25_{-0.1}^{0}$ mm	12	超差 0.02 扣 4 分，超差 0.03 全扣			
	L_1	$10_{-0.1}^{0}$ mm	9	超差 0.02 扣 4 分，超差 0.03 全扣			
	L_2	$15_{0}^{+0.1}$ mm	9	超差 0.02 扣 4 分，超差 0.03 全扣			
	倒角	C1	3	酌情扣分			
3	安全文明生产		10	酌情扣分			

2. 任务总结

(1)任务注意事项。

①刃磨车槽刀时应注意两侧副后角，副后角太大则刀头强度差，切削时易折断；若副后角太小，车削时刀具后刀面与工件侧面会发生摩擦，如图 2-53 所示。

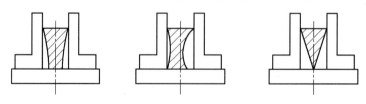

图 2-53　车刀刃磨不正确——两侧副后角

②刃磨车槽刀的副偏角时，要避免出现以下问题，如图 2-54 所示。

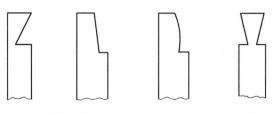

图 2-54　车刀刃磨不正确——两侧副偏角

a. 副偏角太大，刀头强度低，容易折断。

b. 副偏角为负值或副刀刃不平直，不能用直进法切削。

c. 车刀左侧磨去太多，不能车削有高台阶的工件。

③车槽刀的主切削刃和工件轴心线不平行，车出的沟槽出现一侧直径大另一侧直径小的竹节形。

④槽壁与中心线垂直，出现内槽狭窄外口大的喇叭形，造成这种现象的主要原因是：

a. 刀刃磨钝让刀。

b. 车刀刃磨角度不正确。

c. 车刀装夹时刀杆不垂直于工件轴心线。

⑤槽壁与槽底产生小台阶，主要原因是接刀不正确。

⑥要正确使用量具。

⑦合理选用转速。

(2)任务完成情况小结(自评)。

【任务拓展练习】

拓展任务图纸：见图 2-55 车削矩形外沟槽综合件。

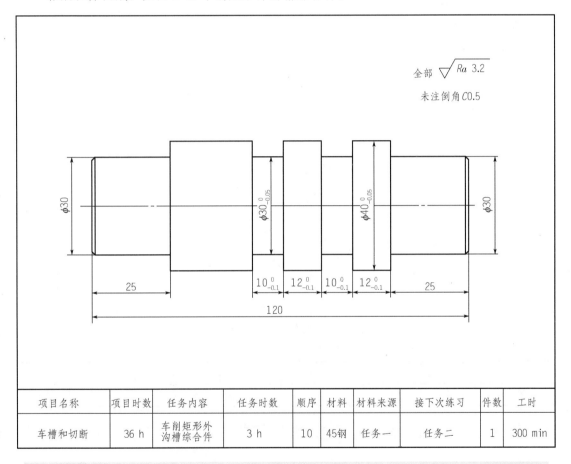

项目名称	项目时数	任务内容	任务时数	顺序	材料	材料来源	接下次练习	件数	工时
车槽和切断	36 h	车削矩形外沟槽综合件	3 h	10	45钢	任务一	任务二	1	300 min

图 2-55 车削矩形外沟槽综合件

拓展任务准备：CY6140 型车床，砂轮机，矩形外沟槽车刀，90°偏刀，45°外圆、端面车刀，任务一工件，0～150 mm(0.02 mm)游标卡尺，25～50 mm(0.01 mm)千分尺，0～200 mm(0.02 mm)深度游标卡尺，车工常用工具等。

任务二 切 断

任务要求

(1)掌握用直进法和左右借刀法切断工件。

(2)巩固切断刀的刃磨和修正方法。

(3)切断时能保证切割面平直光洁。

任务分析

1. 任务图纸

按图 2-56 所示要求切断薄片。

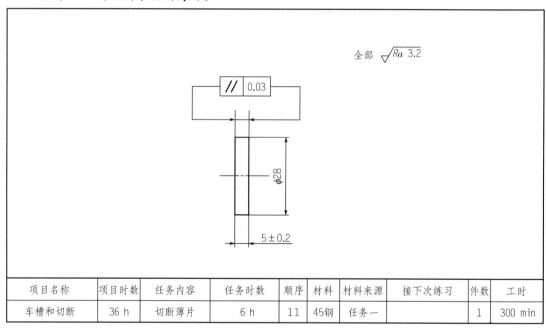

项目名称	项目时数	任务内容	任务时数	顺序	材料	材料来源	接下次练习	件数	工时
车槽和切断	36 h	切断薄片	6 h	11	45钢	任务一		1	300 min

图 2-56 切断薄片

2. 图纸分析

(1)切断刀的刃磨要求及切断刀装夹要求。

(2)切断工件时的进刀方法。

(3)切断件的形位公差保证。

(4)切断件的尺寸精度保证。

(5)切断至靠近工件中心处时的处理方法。

（6）表面粗糙度达到要求。

任务准备

（1）原材料准备：任务一剩余材料，1段/生。

（2）工具和刀具准备：车工常用工具，45°外圆、端面车刀，90°偏刀，切断刀，垫刀片（若干）。

（3）量具准备：0～150 mm(0.02 mm)游标卡尺、25～50 mm(0.01 mm)千分尺等。

（4）设备准备：CY6140型车床、砂轮机。

任务实施

一、相关任务工艺

在车削加工中，把棒料或工件切成两段（或数段）的加工方法叫切断。一般采用正向切断法，即车床主轴正转，车刀横向进给进行车削。

（一）切断刀

切断刀和直形车槽刀的几何形状基本相似，刃磨方法也基本相同，只是刀头部分的宽度和长度有些区别。有时二者通用。

1. 切断刀的安装

（1）安装时，切断刀不宜伸出过长，同时切断刀的中心线必须装得与工件中心线垂直，以保证两个副偏角对称。

（2）切断实心工件时，切断刀的主切削刃必须装得与工件中心等高，否则不能车到中心，而且容易崩刃，甚至折断车刀。

（3）切断刀的底平面应平整，以保证两个副后角对称。

2. 切断时切削用量的选择

由于切断刀的刀体强度较差，在选择切削用量时，应适当减小其数值。

（1）切削深度(a_p)。切断、车槽均为横向进给切削，切削深度 a_p 是垂直于已加工表面方向所量得的切削层宽度。因此，切断时的切削深度等于切断刀刀体的宽度。

（2）进给量(f)。一般用高速钢车刀切断钢料时，$f=0.05\sim0.10$ mm/r；切断铸铁料时，$f=0.1\sim0.2$ mm/r。用硬质合金切断刀切断钢料时，$f=0.1\sim0.2$ mm/r；切断铸铁料时，$f=0.15\sim0.25$ mm/r。

（3）切削速度(v_c)。用高速钢车刀切断钢料时，$v_c=30\sim40$ m/min；切断铸铁料时，$v_c=15\sim25$ m/min。用硬质合金切断刀切断钢料时，$v_c=80\sim120$ m/min；切断铸铁料时，$v_c=60\sim100$ m/min。

(二)用直进法切断工件

所谓直进法，是指垂直于工件轴线方向进行切断(见图 2-57(a))。这种方法切断效率高，但对车床、切断刀的刃磨和安装都有较高的要求，否则容易造成刀头折断。

(三)左右借刀法切断工件

在切削系统(刀具、工件、车床)刚性等不足的情况下，可采用左右借刀法切断工件(见图 2-57(b))。这种方法是指切断刀在轴线方向反复地往返移动，随之两侧径向进给，直至工件切断。

(四)反切法切断工件

反切法是指工件反转，车刀反向装夹(见图 2-57(c))，这种切断方法宜用于较大直径工件的切断。

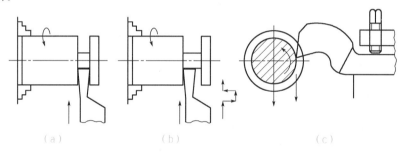

（a） （b） （c）

图 2-57　切断工件的三种方法
(a)直进法；(b)左右借刀法；(c)反切法

二、任务操作步骤

(1)夹持工件外圆，伸出长度 50 mm，车削外圆、端面。

(2)将工件掉头装夹，粗车外圆，用直进法或左右借刀法切断工件。图 2-58(a)所示为用直进法；图 2-58(b)所示为用左右借刀法。

(3)检查，下料。

（a） （a） （c）

图 2-58　切断步骤
(a)直进法；(b)左右借刀法；(c)切断薄片

【任务检测与总结】

1. 任务检测与反馈

对切断进行检查评价，评分表如表 2-15 所示。

表 2-15 切断评分表

车床编号：　　　　　姓名：　　　　　学号：　　　　　成绩：

序号	项目	检测项目	配分	评分标准	自评结果	互评结果	得分
1	外圆	ϕ28 mm	5×2	超差全扣			
2	长度	(5±0.2)mm	15×2	超差全扣			
3	平行度	0.03 mm	15×2	超差全扣			
4	切割面	Ra 3.2 μm(4 处)	10×2	超差全扣			
5		安全文明生产	10	酌情扣分			

2. 任务总结

(1)任务注意事项。

①被切断工件的平面产生凹凸，其原因是：

a. 切断刀两侧的刀尖刃磨或磨损不一致造成让刀，使工件平面产生凹凸。

b. 窄切断刀的主刀刃与轴心线有较大的夹角，左侧刀尖有磨损现象，进给时在侧向切削力的作用下，刀头易产生偏斜，势必造成工件平面内凹。

c. 主轴轴向窜动。

d. 车刀安装歪斜或副刀刃没有磨直等。

②切断时产生振动的原因：

a. 主轴和轴承之间间隙太大。

b. 切断的棒料太长，在离心力的作用下产生振动。

c. 工件细长，切断刀刃口太宽。

d. 切断时转速过高，进给量过小。

e. 切断刀伸出过长。

③切断刀折断的主要原因：

a. 工件装夹不牢靠，切割点远离卡盘，在切削力的作用下，工件抬起，造成刀头折断。

b. 切断时排屑不良，铁屑堵塞，造成刀头载荷增大，使刀头折断。

c. 切断刀的副偏角、副后角磨得太大，削弱了刀头强度，使刀头折断。

d. 切断刀装夹跟工件轴心线不垂直，主刀刃与轴心不等高。

e. 进给量过大，切断刀前角过大。

f. 床鞍，中、小滑板拖动，切削时产生"扎刀"，致使切断刀折断。

④切割前应调整中、小滑板的松紧，一般以紧些为好。

⑤用高速钢刀切断工件时，应浇注切削液，这样可延长切断刀的使用寿命，用硬质合金刀切断工件时，中途不准停车，否则刀刃容易碎裂。

⑥一夹一顶或两顶尖安装工件时，不能直接把工件切断，以防切断时工件飞出伤人。

（2）任务完成情况小结（自评）。

【任务拓展练习】

拓展任务图纸：见图 2-59 切断练习。

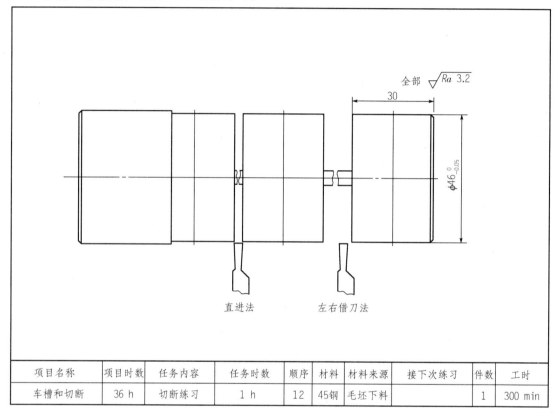

图 2-59 切断练习

项目名称	项目时数	任务内容	任务时数	顺序	材料	材料来源	接下次练习	件数	工时
车槽和切断	36 h	切断练习	1 h	12	45钢	毛坯下料		1	300 min

拓展任务准备：CY6140 型车床，砂轮机，切断刀，90°偏刀，45°外圆、端面车刀，任务一工件，0～150 mm(0.02 mm)游标卡尺，25～50 mm(0.01 mm)千分尺，车工常用工具等。

任务三　车削端面直槽

任务要求

（1）了解端面直槽的种类和作用。
（2）了解端面直槽车刀的几何角度和刃磨要求。
（3）掌握车削端面直槽的方法和测量方法。

任务分析

1. 任务图纸

按图 2-60 所示要求车削端面直槽。

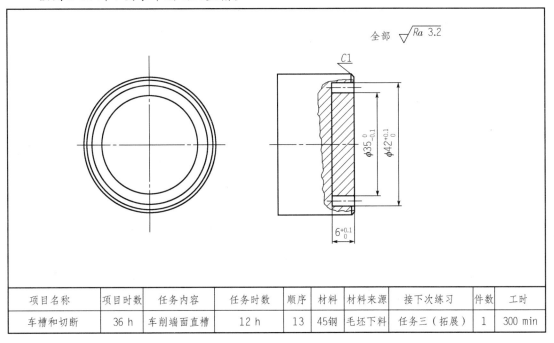

项目名称	项目时数	任务内容	任务时数	顺序	材料	材料来源	接下次练习	件数	工时
车槽和切断	36 h	车削端面直槽	12 h	13	45钢	毛坯下料	任务三（拓展）	1	300 min

图 2-60　车削端面直槽

2. 图纸分析

(1)端面直槽车刀有何特点？车斗装夹有何要求？

(2)端面直槽内外圆尺寸的精度保证。

(3)端面直槽定位尺寸的保证。

(4)端面直槽内外圆直径与底面垂直。

(5)端面直槽的槽底清角。

(6)表面粗糙度达到要求。

任务准备

(1)原材料准备：任务二剩余材料，1 段/生。

(2)工具和刀具准备：车工常用工具，45°外圆、端面车刀，90°外圆车刀，端面直槽刀，垫刀片(若干)。

(3)量具准备：0～150 mm(0.02 mm)游标卡尺、25～50 mm(0.01 mm)千分尺、25～50 mm(0.01 mm)公法线千分尺、0～200 mm(0.02 mm)深度游标卡尺等。

(4)设备准备：CY6140 型车床、砂轮机。

任务实施

一、相关任务工艺

(一)端面槽的种类

(1)端面直槽:用于密封或减轻零件质量,如图 2-61(a)所示。

(2)T 形槽:一般用作放入 T 形螺钉,如图 2-61(b)所示。

(3)燕尾槽:一般用作放入螺钉起固定作用,如图 2-61(c)所示。

(4)圆弧形槽:一般用作油槽,如图 2-61(d)所示。

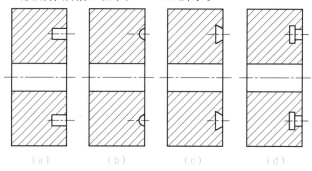

(a)   (b)   (c)   (d)

图 2-61 端面槽的种类

(a)端面直槽;(b)T形槽;(c)燕尾槽;(d)圆弧形槽

(二)端面直槽刀的特点

端面直槽刀是外圆车刀和内孔车刀的组合,其中左侧刀尖相当于内孔车刀,右侧刀尖相当于外圆车刀。车刀左侧副后面必须根据平面槽圆弧的大小刃磨成相应的圆弧形(小于内孔一侧的圆弧),并带有一定的后角或双重后角才能车削,否则车刀会与槽孔壁相碰而无法车削,如图 2-62 所示。

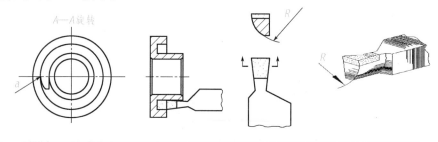

图 2-62 端面直槽刀的形状

高速钢材料端面直槽刀的几何形状与硬质合金的类似,车削时,在选择切削用量方面有所区别。使用高速钢端面直槽刀时选择低速，使用硬质合金端面直槽刀时选择高速。

(三)端面直槽的车削方法

1. 控制车槽刀位置的方法

若工件外圆直径为 D，沟槽内孔直径为 d，沟槽与工件外径之间的距离为 L。加工时车刀轻碰工件外圆，然后使车刀向右移动离开工件 3～5 mm，再径向移动距离 L(加刀宽的距离)就是槽的起始位置，如图 2-63 所示。

2. 车端面直槽的方法

若端面直槽精度要求不高、宽度较窄且深度较浅，通常用等于槽宽的车刀，采用直进法一次进给车出，如图 2-64(a)所示；如果槽的精度要求较高，则采用先粗车槽两侧并留精车余量，然后分别精车槽两侧的方法，如图 2-64(b)所示。

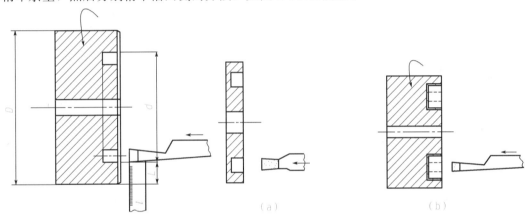

图 2-63　壁厚控制方法 　　　　　图 2-64　车削端面直槽的方法
(a)直进法；(b)左右切削法

3. 端面直槽的检查和测量

精度要求低的端面直槽，宽度和直径一般用游标卡尺测量；对于精度要求较高的端面直槽，其内外圆直径和深度可以用游标卡尺、公法线千分尺和深度游标卡尺测量，如图 2-65 所示。

图 2-65　端面直槽的检查和测量

二、任务操作步骤

车削端面直槽的操作步骤如图 2-66 所示。

图 2-66　车削端面直槽的操作步骤

(1)夹持工件外圆，伸出长度为 50 mm 左右，车削端面。

(2)确定车槽刀位置。

(3)车削端面直槽至尺寸要求 $\phi44$ mm、$\phi37$ mm。

(4)槽深 6 mm，清底。

(5)检查，下料。

【任务检测与总结】

1. 任务检测与反馈

对车削端面直槽进行检查评价，评分表如表 2-16 所示。

表 2-16　车削端面直槽评分表

车床编号：　　　　　姓名：　　　　　　学号：　　　　　　成绩：

序号	项目	检测项目	配分	评分标准	自评结果	互评结果	得分
1	端面直槽（一）	$\phi42$ mm	15	超差全扣			
		$\phi35$ mm	15	超差全扣			
		6 mm	10	超差全扣			
		Ra 3.2 μm(3 处)	2×3	超差全扣			
2	端面直槽（二）	$\phi44$ mm	15	超差全扣			
		$\phi33$ mm	15	超差全扣			
		6 mm	10	超差全扣			
		Ra 3.2 μm(3 处)	2×3	超差全扣			
3		安全文明生产	8	酌情扣分			

2. 任务总结

(1)任务注意事项。

①装夹端面直槽刀时，其主切削刃与工件中心等高，且端面直槽刀的对称中心线与工件轴线平行，如图 2-67 所示。

图 2-67　端面直槽刀的装夹

②车槽刀左侧副后面应磨成圆弧形，以防与槽壁产生摩擦。

③槽侧、槽底要求平直、清角。

(2)任务完成情况小结(自评)。

【任务拓展练习】

拓展任务图纸：见图 2-68 端面直槽综合件。

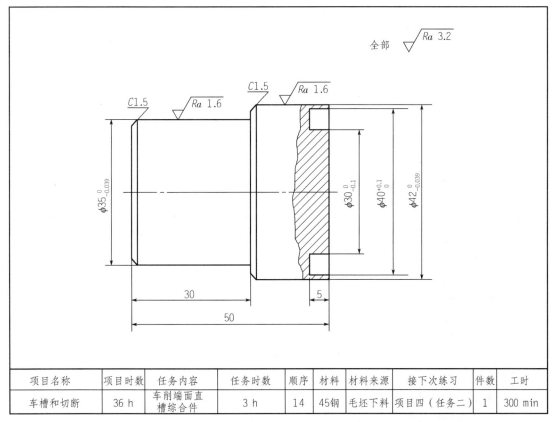

项目名称	项目时数	任务内容	任务时数	顺序	材料	材料来源	接下次练习	件数	工时
车槽和切断	36 h	车削端面直槽综合件	3 h	14	45钢	毛坯下料	项目四（任务二）	1	300 min

图 2-68　端面直槽综合件

拓展任务准备：CY6140 型车床，砂轮机，切断刀，90°偏刀，45°外圆、端面车刀，任务三工件，0～150 mm(0.02 mm)游标卡尺，25～50 mm(0.01 mm)千分尺，25～50 mm(0.01 mm)公法线千分尺，0～200 mm(0.02 mm)深度游标卡尺，车工常用工具等。

项目四

三角形外螺纹加工

项目导引

(1) 了解三角形螺纹的用途和技术要求。

(2) 能够正确刃磨三角形外螺纹车刀。

(3) 能够根据螺纹样板正确装夹车刀。

(4) 熟练掌握运用倒顺车车削三角形外螺纹的方法。

(5) 熟练利用螺纹环规检查三角形外螺纹的方法。

任务一 三角形外螺纹车刀的刃磨

任务要求

(1) 了解三角形螺纹车刀的几何形状和角度要求。

(2) 掌握三角形螺纹车刀的刃磨方法和刃磨要求。

(3) 掌握用样板检查、修正刀尖角的方法。

任务分析

1. 任务图纸

按图 2-69 所示要求刃磨高速钢三角形外螺纹车刀。

2. 图纸分析

(1) 螺纹车刀刃磨的重要性。

(2) 三角形外螺纹车刀有哪些角度?

(3) 三角形外螺纹车刀刃磨的基本要求是什么?

(4) 三角形外螺纹车刀刃磨的方法和步骤。

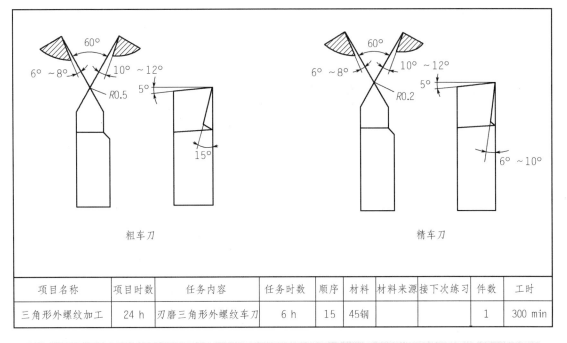

项目名称	项目时数	任务内容	任务时数	顺序	材料	材料来源	接下次练习	件数	工时
三角形外螺纹加工	24 h	刃磨三角形外螺纹车刀	6 h	15	45钢			1	300 min

图 2-69　高速钢三角形外螺纹车刀

任务准备

(1)原材料准备：高速钢刀片(6×14×200)，1 把/生。

(2)工具和刀具准备：车工常用工具、对刀板。

(3)量具准备：0～150 mm 游标卡尺。

(4)设备准备：砂轮机、砂轮片(氧化铝)若干。

任务实施

一、相关任务工艺

(一)普通三角形外螺纹车刀的材料

普通三角形外螺纹车刀按材料可分为高速钢螺纹车刀和硬质合金螺纹车刀两种。

1. 高速钢螺纹车刀

高速钢螺纹车刀刃磨方便，切削刃锋利，韧性好，刀尖不易崩裂，车出螺纹的表面粗糙度值小。但它的稳定性差，不宜高速车削，所以常用在低速切削的场合或作为螺纹精车刀。

对于初学者，高速钢螺纹车刀刃磨比较方便，切削刃容易磨得锋利，韧性较好。

2. 硬质合金螺纹车刀

硬质合金螺纹车刀的硬度高，耐磨性好，耐高温，热稳定性好，但抗冲击能力差。因此，硬质合金螺纹车刀适用于高速切削的场合。

螺纹车刀刀尖角（ε_r）的大小取决于螺纹的牙型角，刀尖角一般情况下应等于牙型角。

在用高速钢车刀低速车削螺纹时，如果径向前角等于0°，螺纹车刀的刀尖角应等于螺纹的牙型角。车削螺纹时，由于车刀排屑不畅，致使螺纹表面粗糙度值较大，影响加工精度。

为了使切削顺利，减小螺纹的表面粗糙度，高速钢螺纹车刀的径向前角一般取5°～15°。

螺纹车刀的径向前角不等于0°时，排屑比较顺利，不易产生积屑瘤。但由于螺纹车刀两侧切削刃不通过工件轴线，使车出的螺纹牙型在轴向剖面内不是直线，而是曲线，会影响螺纹副的配合质量。这种误差对精度要求不高的螺纹可以忽略不计。另外，螺纹车刀的径向前角较大时，对牙型角的影响较大。

3. 三角形外螺纹车刀的刃磨要求

(1)螺纹车刀的刀尖角等于牙型角。

(2)螺纹车刀的左、右切削刃必须平直。

(3)螺纹车刀刀尖角的角平分线应尽量与刀侧面杆平行。

(4)螺纹车刀的左侧后角因受螺纹升角的影响，应磨得大些。

(5)刀头不歪斜，牙型半角相等，刀尖靠近进刀方向一侧，便于加工时退刀安全。

4. 刃磨三角形外螺纹车刀的缺陷分析

刃磨三角形外螺纹车刀常见的缺陷分析如表2-17所示。

表2-17 刃磨三角形外螺纹车刀常见的缺陷分析

存在问题	主要原因
后刀面磨不平	刃磨时，每次车刀与砂轮面的接触不同，主要是在中途停止刃磨观察后，无法保证与上一次的握刀角度一致
刀刃磨不直	磨时，车刀没有左右移动，使刀刃的形状与砂轮外圆表面形状相似；在刃磨过程中没有注意观察纠正
车刀后角不正确	刃磨时的握刀角度控制不正确，不能保证车刀前刀面与地面平行，使磨出的后角不是太大就是太小
车刀刀头歪斜	在使用对刀板对刀时，车刀中心线与对刀板不垂直，导致刀头向左或向右倾斜
车刀前角不正确	磨刀时，双手持刀角度不正确；刃磨时，要使车刀前刀面与地面垂直，否则会出现负前角或前角过大的现象

二、任务操作步骤

刃磨三角形外螺纹车刀，如图2-70所示。

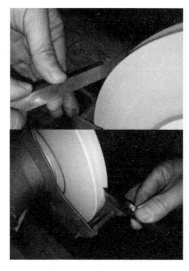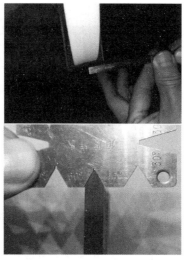

图 2-70　三角形外螺纹车刀的刃磨

(1)选择砂轮：粒度号 $46^\#\sim60^\#$，氧化铝。

(2)步骤：

①粗磨两侧副后刀面，初步形成刀尖角，刃磨出两侧的副后角。

②粗、精磨前刀面，刃磨出 $0°$ 的刃倾角，$0°\sim5°$ 的前角(对于初学者可不磨)。

③粗、精磨主后刀面，刃磨出 $6°\sim8°$ 的主后角。

④修磨刀尖，刀尖倒棱宽度约为 $0.1P$。

【任务检测与总结】

1. 任务检测与反馈

对三角形外螺纹车刀的刃磨进行检查评价，评分表如表 2-18 所示。

表 2-18　刃磨三角形外螺纹车刀评分表

车床编号：　　　　　姓名：　　　　　学号：　　　　　成绩：

序号	项目	检测项目	配分	评分标准	自评结果	互评结果	得分
1	车刀角度	主后角	8	$5°$			
		副后角(2 个)	8	左 $10°\sim12°$			
			8	右 $6°\sim8°$			
		刀尖角	8	$60°$			
		前角	5	$0°$			
2	刀面平面度	主后刀面	6	一个面			
		副后刀面(2 个)	6×2	两个面			
		前刀面	5	一个面			
	刀刃直线度	两个切削刃	6	平直			
3	刀面粗糙度	四个刀面	2×5	$Ra\ 6.3\ \mu m$			

序号	项目	检测项目	配分	评分标准	自评结果	互评结果	得分
4	刀刃质量	两个刀刃	2×3	没有明显崩刃			
5	刀尖圆弧	R0.5	4	R0.5(1处)			
6	安全文明生产		8	防止磨到手			
7	其他	刀头	6	防止刀头歪斜			

2. 任务总结

(1)任务注意事项。

①在执行任务的过程中,首先要注意安全,手握车刀刀杆位置不能太靠前,以防磨到手,但又要防止手握得太后而导致车刀因拿不稳而出现危险。

②首先要保证螺纹车刀的刃磨角度正确,其次是刀面与刀刃的质量,为增加车刀使用寿命,在刃磨过程中应时刻观察车刀刃磨情况,并不断加以修正。

③在刃磨过程中,车刀应随时进行冷却,以防过热而产生退火。

(2)任务完成情况小结(自评)。

【任务拓展练习】

拓展任务:刃磨硬质合金三角形外螺纹车刀(见图2-71)。

拓展任务准备:硬质合金三角形外螺纹车刀,砂轮机,砂轮片(碳化硅),对刀板,车工常用工、量具等。

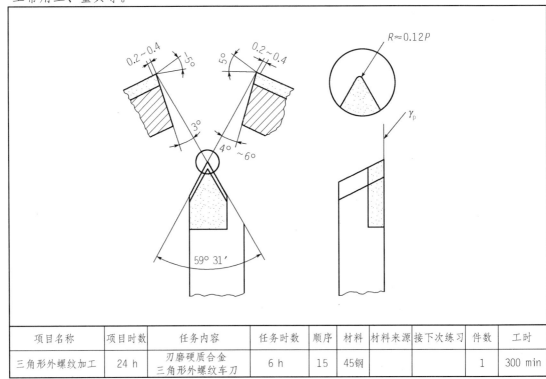

项目名称	项目时数	任务内容	任务时数	顺序	材料	材料来源	接下次练习	件数	工时
三角形外螺纹加工	24 h	刃磨硬质合金三角形外螺纹车刀	6 h	15	45钢			1	300 min

图 2-71 硬质合金三角形外螺纹车刀

任务二　车削三角形外螺纹

任务要求

(1)能够对照工件螺距，按照车床铭牌表上各手柄的位置要求进行正确调整。

(2)能够根据螺纹样板正确装夹车刀。

(3)掌握车削三角形螺纹的基本动作和方法。

(4)掌握车削三角形螺纹的方法。

(5)掌握中途对刀的方法。

(6)掌握用螺纹环规检查三角形螺纹的方法。

(7)正确使用切削液，合理选择切削用量。

任务分析

1.任务图纸

按图 2-72 所示要求车削三角形外螺纹。

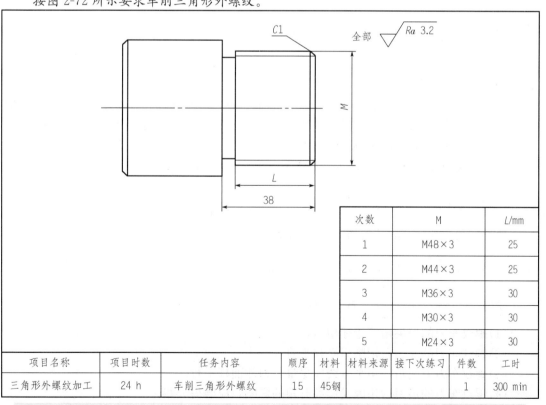

次数	M	L/mm
1	M48×3	25
2	M44×3	25
3	M36×3	30
4	M30×3	30
5	M24×3	30

项目名称	项目时数	任务内容	顺序	材料	材料来源	接下次练习	件数	工时
三角形外螺纹加工	24 h	车削三角形外螺纹	15	45钢			1	300 min

图 2-72　车削三角形外螺纹

2．图纸分析

(1)检验螺距正确与否。

(2)三角形外螺纹的中径尺寸保证。

(3)车削三角形外螺纹的进刀方法。

(4)运用倒顺车法车削三角形螺纹。

(5)低速车削三角形螺纹的进刀次数。

(6)表面粗糙度达到要求。

任务准备

(1)原材料准备：45#圆钢(ϕ50×150)，1 段/生。

(2)工具和刀具准备：车工常用工具，45°外圆、端面车刀，90°外圆车刀，车槽刀，三角形外螺纹车刀，对刀板，垫刀片(若干)。

(3)量具准备：0～150 mm 游标卡尺、25～50 mm 千分尺、0～200 mm 深度游标卡尺、螺纹环规等。

(4)设备准备：CY6140 型车床、砂轮机。

任务实施

一、相关任务工艺

(一)三角形螺纹的分类

三角形螺纹按规格和用途不同，可分为普通螺纹、英制螺纹和管螺纹三类。其中普通螺纹的应用最为广泛，分为普通粗牙螺纹和普通细牙螺纹，牙型角均为 60°。

普通粗牙螺纹用字母"M"及公称直径来表示，如 M10、M24 等；普通细牙螺纹用字母"M"和公称直径后"×螺距"来表示，如 M10×1、M24×2 等。

(二)普通三角形螺纹的尺寸计算

普通三角形外螺纹的牙型如图 2-73 所示。

(三)三角形外螺纹车刀的刃磨与安装(高速钢)

1. 三角形外螺纹车刀的刃磨要求

(1)螺纹车刀的刀尖角等于牙型角。

(2)螺纹车刀的左、右切削刃必须平直。

(3)螺纹车刀刀尖角的角平分线应尽量与刀侧面杆平行。

(4)螺纹车刀的进刀后角因受螺纹升角的影响，应磨得大些。

(5)粗车径向前角 γ_0 时，可采用有 5°～15°径向前角的螺纹车刀；精车时为保证牙型准确，径向前角一般为 $0°\sim5°$。

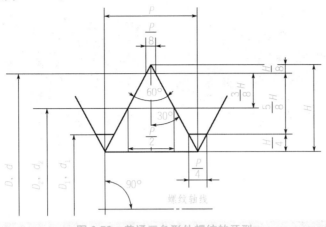

图 2-73　普通三角形外螺纹的牙型

2. 三角形外螺纹车刀的安装要求

(1)螺纹车刀刀尖与车床主轴轴线等高，一般可根据尾座顶尖高度调整和检查。为防止高速车削时产生振动和"扎刀"，外螺纹车刀刀尖也可以高于工件中心 $0.1\sim0.2$ mm，必要时可采用弹性刀柄螺纹车刀。

(2)使用螺纹对刀样板校正螺纹车刀时，车刀装夹位置如图 2-74 所示，确保螺纹车刀刀尖角的对称中心线与工件轴线垂直。

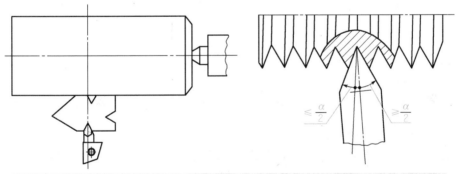

图 2-74　外螺纹车刀的装夹位置

(3)螺纹车刀伸出刀架不宜过长，一般伸出长度为 $25\sim30$ mm。

温馨提示：装刀时，将刀尖对准工件中心，将螺纹样板的侧边与已车好的工件外圆表面贴齐，将螺纹车刀两侧切削刃与样板角度槽对齐并作透光检查，如出现车刀侧斜现象，则用铜棒敲击刀柄，使车刀位置对准样板角度，符合要求后紧固车刀。一般情况下，装好车刀后，由于夹紧力会使车刀产生很小的位移，故需重复检查并调整。

(四)车螺纹时车床的调整

1. 手柄位置的调整

按工件螺距，在车床进给箱铭牌上查出交换齿轮的齿数和手柄位置，并将手柄调整到所需位置，如图 2-75 所示。

图 2-75　车床手柄位置的调整

2. 中、小滑板间隙的调整

在车螺纹之前，应调整中、小滑板的镶条间隙，使之松紧适当。如果中、小滑板间隙过大，车削时容易出现"扎刀"现象；间隙过小，则操作不灵活，摇动滑板费力。

(五)车螺纹时的几种进刀方法

1. 直进法($P \leq 2$ mm)

车螺纹时，中滑板横向进给，如图 2-76(a)所示，经几次行程逐步车至螺纹深度，使螺纹达到要求的精度及表面粗糙度，这种方法叫直进法。

2. 左右切削法

车削较大螺距的螺纹时，为了减小车刀两个切削刃同时切削所产生的"扎刀"现象，可使车刀只用一侧切削刃参与切削。每次进给除了中滑板横向进给外，还要利用小滑板使车刀向左或向右微量进给，如图 2-76(b)所示，直到车至要求的螺纹深度。

3. 斜进法($P \geq 3$ mm)

车螺纹时，中滑板横向进给，如图 2-76(c)所示，同时小滑板做微量的纵向进给，车刀只有一侧切削刃进行切削，这种方法叫斜进法。

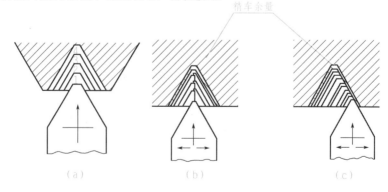

　(a)　　　　　　　(b)　　　　　　　(c)

图 2-76　车螺纹时的几种进刀方法
(a)直进法；(b)左右切削法；(c)斜进法

（六）三角形外螺纹的检验与测量

1. 单项测量法

1）测量大径

螺纹大径公差较大，一般采用游标卡尺或千分尺测量。

2）测量螺距

螺距一般可用钢直尺或螺距规测量，如图 2-77 所示。用钢直尺测量时，需多量几个螺距的长度，再除以所测牙数，得出平均值。用螺距规测量时，螺距规样板应平行轴线方向放入牙型槽中，且应使工件螺距与螺距规样板完全符合。

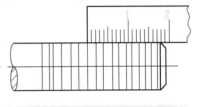

图 2-77　用钢直尺检查螺距

3）测量中径

如图 2-78 所示，三角形外螺纹中径可用螺纹千分尺来测量。螺纹千分尺的结构和使用方法与一般外径千分尺相似，读数原理与一般外径千分尺相同，它有两个可调换的测量头，可测量各种不同螺距和牙型角的螺纹中径。测量时，两个跟螺纹牙型角相同的测量头正好卡在螺纹牙型面上，需要注意的是，千分尺要和工件轴线垂直，然后多次轻微移动找到被测螺纹的最高点，这时千分尺的读数值就是螺纹中径的尺寸。

（a）　　　　　　　　　　　　（b）

图 2-78　三角形螺纹中径的测量

（a）螺纹千分尺；（b）测量方法

2. 综合测量法

综合测量法是采用极限量规对螺纹的基本要素（螺纹大径、中径和螺距等）同时进行测量的方法。测量外螺纹时可采用螺纹环规，如图 2-79 所示。综合测量法测量效率高，使用方便，能较好地保证互换性，广泛用于对标准螺纹或大批量生产螺纹的检测。

（a）　　　　　　　　　　　　（b）

图 2-79　螺纹环规

（a）通规；（b）止规

二、任务操作步骤

车削螺纹的步骤如图 2-80 所示。

图 2-80 车削螺纹步骤

(1)工件伸出 60 mm 左右,找正夹紧,粗、精车外圆 φ48 mm 和退刀槽,保证长 38 mm 和长 25 mm 至尺寸要求。

(2)倒角 C2。

(3)刻线,检查螺距。

(4)粗、精车三角形螺纹 M48×2。

(5)用螺纹环规检测。

(6)检查,下料。

小技巧:

(1)检查螺距时应检查 2~3 牙,以防止单牙的累积误差。

(2)第一刀刻线不宜太深,以防螺距错误后无法挽救。

(3)原则上止规旋进不能超过 3/4 圈。

【任务检测与总结】

1. 任务检测与反馈

对车削三角形外螺纹的质量进行检查评价,评分表如表 2-19 所示。

表2-19 车削三角形外螺纹评分表

车床编号：　　　　　　　姓名：　　　　　　　学号：　　　　　　　成绩：

序号	项目	检测项目	配分	评分标准	自评结果	互评结果	得分
1	M_1	M48×2	12	不合格全扣			
	L_1	25 mm	4	超差全扣			
	倒角	C1	2	酌情扣分			
2	M_2	M44×2	12	不合格全扣			
	L_2	25 mm	4	超差全扣			
	倒角	C1	2	酌情扣分			
3	M_3	M36×3	12	不合格全扣			
	L_3	30 mm	4	超差全扣			
	倒角	C1	2	酌情扣分			
4	M_4	M30×3	12	不合格全扣			
	L_4	30 mm	4	超差全扣			
	倒角	C1	2	酌情扣分			
5	M_5	M24×3	12	不合格全扣			
	L_5	30 mm	4	超差全扣			
	倒角	C1	2	酌情扣分			
6	安全文明生产		10	酌情扣分			

2. 任务总结

(1)任务注意事项。

①螺纹大径一般比公称直径约小 0.13P。

②选择较低的主轴转速，防止因床鞍移动太快来不及退刀而发生事故。

③根据工件、机床丝杠两者的螺距判断是否会产生乱牙，选择合理的操作方法。

④车削螺纹时，应注意检查进刀和退刀位置是否够用。

⑤采用左右切削法或斜进法粗车螺纹时，每边应留 0.2～0.3 mm 精车余量。

⑥车削高台阶的螺纹车刀，靠近高台阶一侧的切削刃应短些，否则会碰伤轴肩端面。

⑦在加工螺纹中途产生"扎刀"现象时应换刀，消除丝杠间隙后应对刀，即开正转进行"中途对刀"。

⑧不得用棉纱擦拭工件，应用毛刷清理切屑。

⑨根据工件材料选择合适的切削液。

(2)任务完成情况小结(自评)。

【任务拓展练习】

拓展任务：见图 2-81 车削三角形外螺纹综合件。

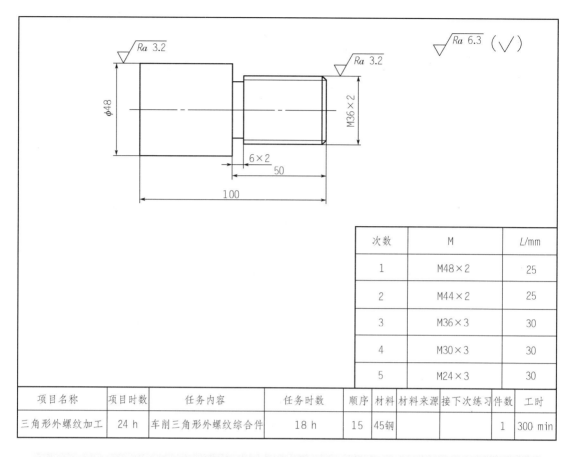

次数	M	L/mm
1	M48×2	25
2	M44×2	25
3	M36×3	30
4	M30×3	30
5	M24×3	30

项目名称	项目时数	任务内容	任务时数	顺序	材料	材料来源	接下次练习	件数	工时
三角形外螺纹加工	24 h	车削三角形外螺纹综合件	18 h	15	45钢			1	300 min

图 2-81　车削三角形外螺纹综合件

拓展任务准备：CY6140 型车床，砂轮机，矩形外沟槽车刀，45°外圆、端面车刀，90°外圆车刀，任务二工件，0～150 mm(0.02 mm)游标卡尺，25～50 mm(0.01 mm)千分尺，0～200 mm(0.02 mm)深度游标卡尺，螺纹环规，车工常用工具等。

模块三

铣工实训

项目一

铣床操纵及维护、铣刀的安装

项目导引

(1)掌握 X6132 型卧式铣床各主要操作部分的操作步骤和方法。
(2)掌握铣床润滑的操作步骤和方法。
(3)掌握铣床日常维护保养工作的方法，养成良好的操作习惯。
(4)掌握铣刀的正确安装方法。
(5)能够遵守操作规程，培养正确的操作铣床基本技能。

任务一　铣床的操纵与调整

任务要求

(1)了解 X6132 型卧式铣床各主要部件的名称和操作部分位置、功能。
(2)掌握 X6132 型卧式铣床各主要操作部分的操作步骤和方法。
(3)遵守操作规程，培养正确的操作铣床基本技能。

任务分析

铣床作为一种通用机床，在生产中有着广泛的应用。作为铣床的使用者，我们必须了解铣床各部件的名称和功能。

任务准备

(1)工具准备：内六角扳手一套、14～17 固定扳手各一把。
(2)设备准备：X6132 型卧式铣床若干。

任务实施

(一)相关任务工艺

1. 铣床的外形及操纵位置

生产中应用较广的铣床为 X6132 型卧式铣床,其外形如图 3-1 所示。

照明灯

横梁

主轴变速
转数盘

纵向手动
进给手柄

手拉油泵

横向及垂直机
动进给手柄

挂架锁紧螺母

挂架

主轴

刀杆

工作台

纵向手动
进给手柄

按钮盘

回转盘

横向手动
进给手柄

进给变速
转数盘

垂直手动
进给手柄

图 3-1 X6132 型卧式铣床外形

(1)X6132 型卧式铣床各电器的名称及功能如表 3-1 所示。

表 3-1　X6132 型卧式铣床上各电器的名称及功能

名称	图例	功能
按钮盘		控制主轴启动、停止及快速进给(从左至右，依次为主轴启动按钮、主轴停止按钮、快速进给按钮、紧急停止按钮)
主轴换向开关	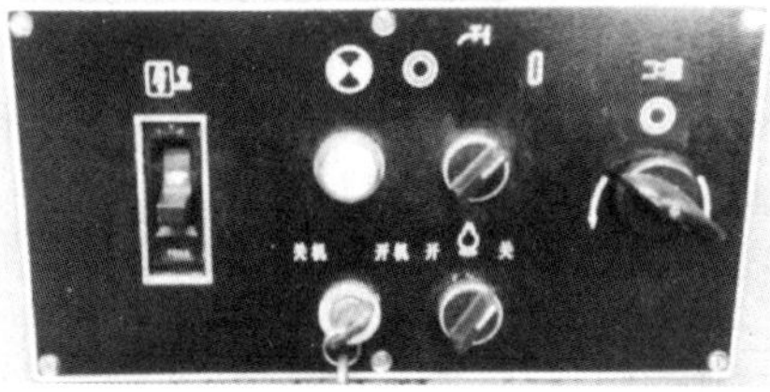	图中所示最右侧旋钮为主轴换向开关，逆时针转动，主轴电动机正转，反之反转
电源开关		将钥匙拧到开机一侧，机床开机。同时，将钥匙左侧电气开关向上拨到"合"的位置，白色指示灯亮起，表示机床通电
冷却泵开关和照明开关	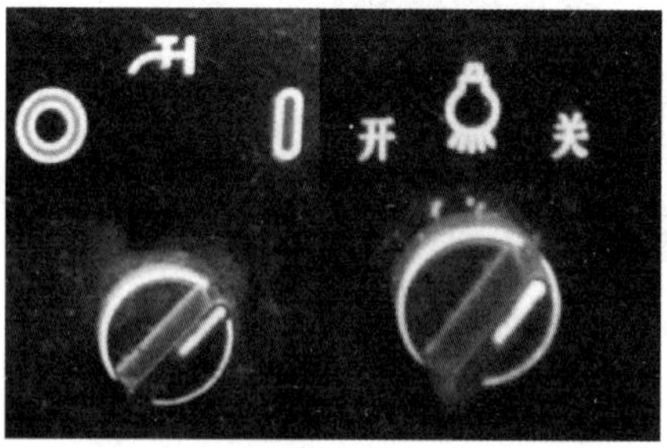	控制冷却泵电动机的启动或停止

(2)X6132 型卧式铣床的变速机构及功能如表 3-2 所示。

表 3-2　X6132 型卧式铣床的变速机构及功能

名称	图例	功能
主轴变速机构		主轴变速手柄与主轴变速转数盘配合，可进行主轴变速操作
进给变速机构		进给变速手柄与进给变速转数盘配合，可进行进给变速操作

(二)任务操作步骤

1. 铣床电气控制按钮的操作

(1)打开车间电源总开关(见图 3-2)。

(2)X6312 型卧式铣床电气控制面板如图 3-3 所示，将钥匙拧到开机一侧，机床开机。同时，将钥匙左侧电气开关向上拨到"合"的位置，白色指示灯亮起，表示机床通电。

(3)将主轴转换开关逆时针或顺时针转动，选择主轴旋向。

(4)如需使用冷却液，打开冷却泵开关。如需使用照明灯，打开照明灯开关。

图 3-2　车间电源总开关

图 3-3　X6132 型卧式铣床电气控制面板

(5)如图 3-4 所示，按下启动按钮，观察主轴转动情况。按下停止按钮。

注意事项：

　　①使用前检查铣床是否良好接地。

　　②使用前摇动各进给手柄，做手动进给检查。

　　③安全用电。

2. 主轴、进给变速的操作

　　(1)如图3-5所示，先按下主轴点动按钮或转动主轴至合适位置，再转动主轴变速转数盘，把所需的转速数字对准图中所示白色凸起，完成主轴转速的调整。图示主轴转速为75 r/min。主轴转向由图3-3所示主轴换向开关控制。启动机床，观察，停止。

图3-4　X6132型卧式铣床按钮盘

图3-5　主轴变速手柄和主轴变速转数盘

　　(2)如图3-6所示，顺时针转动进给变速手柄，将自己需要的进给量数字与图中所示白色凸起对齐，完成进给量的调整(图中两排数字，上面的代表纵、横向进给量，下面的代表垂直进给量)。图示纵、横向(垂直)进给量为20 mm/min(7 mm/min)。调整好后，逆时针转动手柄锁紧刻度盘。

图3-6　进给变速手柄和进给变速转数盘

注意事项：

　　①主轴变速时，要求推动速度快一些，在接近最终位置时，推动速度减慢，便于轮齿啮合；主轴转动时，严禁进行变速。

　　②主轴变速时，连续变换的次数不宜超过三次，如果必要，时隔5 min再进行变速，以免因启动电流过大而导致电动机线路烧坏。

　　③进给变速时，若手柄无法推回原位，应转动转数盘或将机动手柄开动一下；机动进给时，严禁变换进给速度。

3. 工作台部分进给操作

（1）如图 3-1 和图 3-7 所示，双手握住纵向（横向、垂直）手动进给手柄，略加力向里推，顺时针或逆时针摇动，实现纵向（横向、垂直）手动进给。

手动进给时，移动距离可以由刻度盘控制。横向手动进给手柄刻度盘如图 3-8 所示。横向手动进给时，刻度盘每转动 1 格，工作台移动 0.02 mm，刻度盘转动 1 周，工作台移动 2 mm。纵向手动进给时，刻度盘每转动 1 格，工作台移动 0.05 mm，刻度盘转动 1 周，工作台移动 6 mm。

图 3-7　横向手动进给手柄

图 3-8　横向手动进给手柄刻度盘

（2）纵向机动进给手柄如图 3-9 所示。启动机床，用手握住纵向机动进给手柄，向左扳动，工作台向左机动进给；向右扳动，工作台向右机动进给。机动进给速度由进给刻度盘控制。

横向、垂直机动进给手柄如图 3-10 所示。用手握住横向、垂向机动进给手柄，向上扳动，工作台向上机动进给；向下扳动，工作台向下机动进给；向前扳动，工作台向里机动进给；向后扳动，工作台向外机动进给。机动速度由进给刻度盘控制。

图 3-9　纵向机动进给手柄

图 3-10　横向、垂直机动进给手柄

（3）若扳动任一方向的机动进给手柄，再按工作台快速移动按钮，可实现工作台任一方向的快速移动，放开按钮，快速移动立即停止。

【任务检测与总结】

1. 任务检测与反馈

对铣床的操纵与调整进行检测评价，评分表如表 3-3 所示。

表 3-3　铣床操纵与调整评分表

铣床编号：　　　　　姓名：　　　　　学号：　　　　　成绩：

序号	项目	检测项目	配分	评分标准	自评结果	互评结果	得分
1	电气按钮的操作	铣床启动	10	实现预定功能			
2		铣床停止	10	实现预定功能			
3	主轴变速	主轴变速	10	实现预定功能			
4	进给变速	进给变速	10	实现预定功能			
5	工作台手动进给	纵向、横向、垂直手动进给	20	实现预定功能			
6	工作台机动进给	纵向、横向、垂直机动进给	15	实现预定功能			
7	工作台快速进给	纵向、横向、垂直快速进给	15	实现预定功能			
8	安全文明生产		6	酌情扣分			
9	其他		4	酌情扣分			

2. 任务总结

(1)任务注意事项。

①手动进给注意事项：

a. 当工作台被锁紧时，不允许摇动进给手柄进给。

b. 当手柄超过所需刻线时，不能直接退回到刻线处，应将手柄退回约一圈，再摇回至刻线处，以消除间隙。

c. 摇转手柄时，速度要均匀适当，摇转后应将手柄离合器与丝杠脱开，以防伤人。

②机动进给注意事项：

a. 当工作台某方向被锁紧时，不允许在该方向机动进给。

b. 机动进给完毕，应将机动进给手柄扳回到停止位置上。

c. 不允许两个或多个方向同时进给。

③其他注意事项：

a. 加工时，当工作台沿某一方向进给时，为减少振动，其他两个方向应紧固。

b. 使用圆工作台机动进给时，应先将转换开关接通，再启动机床。

(2)任务完成情况小结(自评)。

【任务拓展练习】

拓展任务：学生参照 X6132 型卧式铣床的操作，在教师的指导下完成 X5032 型立式铣床的操作。

拓展任务准备：X5032 型立式铣床若干及铣床工、量具。

任务二 铣床的润滑和维护保养

⚒ 任务要求

(1)了解铣床的润滑方式和润滑位置。

(2)掌握铣床的润滑操作步骤和方法。

(3)掌握铣床日常维护保养工作的方法，养成良好的操作习惯。

⚒ 任务分析

为保证铣床的工作精度，延长其工作寿命，必须经常性地正确润滑和维护保养机床，为此，应了解正确的润滑方式、保养类型及保养内容。

🔍 任务准备

工具准备：注油枪、刷子、抹布和润滑油。

🔍 任务实施

(一)相关任务工艺

◎ 1. X6132型卧式铣床的润滑

机床的润滑首先要根据机床说明书的要求，定期加油和调换润滑油。注油工具一般使用注油枪。X6132型卧式铣床的润滑位置如图3-11所示。

◎ 2. X6132型卧式铣床的维护保养

1)机床滑动面的保养

在机床启动之前，要将导轨面、台面、丝杠等各滑动面擦净并涂上润滑油；操作时不应将工具、毛坯及杂物等放置在导轨面及台面上。

工作完毕后，必须清除铁屑和油污、杂物，对各滑动部位擦干净上油，以防生锈。

2)及时排除机床故障

操作时，发现机床工作过程中有异常现象和声响时，应停止使用，请机修工及时排除故障。

3)合理使用机床

操作工人操作铣床必须掌握基本常识，如合理选用铣削用量和铣削方法，正确使用各种工夹具，合理选择刀具，熟练掌握各手柄操纵方法等。同时，还必须熟悉所操作机床的

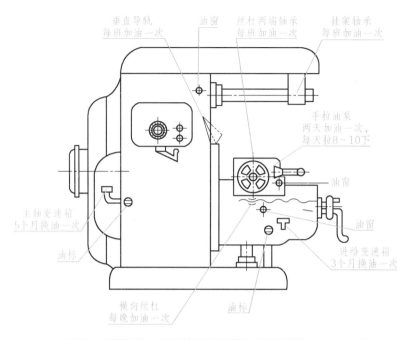

垂直导轨
每班加油一次

油窗

丝杠两端轴承
每班加油一次

挂架轴承
每班加油一次

手拉油泵
两天加油一次，
每天拉8~10下

油窗

主轴变速箱
每个月换油一次

油标

进给变速箱
3个月换油一次

横向丝杠
每晚加油一次

油标

图 3-11　X6132 型卧式铣床的润滑位置

最大负荷、极限尺寸(即行程等主要规格)以及机床的使用范围,注意不做超负荷工作。如果离开岗位,必须关掉机床。

(二)任务操作步骤

1. X6132 型卧式铣床的润滑操作

(1)每班注油一次。

①如图 3-12 所示,纵向工作台两端油孔各有一个弹子油杯,注油时将注油枪嘴压住弹子后注入。

②在横向丝杠处,用油枪直接注射于丝杠表面,并摇动横向工作台,使整个丝杠都注到油。

③垂向导轨处油孔是弹子油杯,注油方法同纵向工作台油孔。

④工作前后擦净导轨滑动表面后注油。

⑤如图 3-13 所示,手拉油泵在纵向工作台左下方,注油时,开动纵向机动进给,在

图 3-12　纵向工作台两端油孔注油

工作台往复移动的同时拉(压)动手拉油泵(每班润滑工作台 3 次,每次拉 8 下),使润滑油流至纵向工作台运动部位。

图 3-13 手拉油泵

（2）两天注油一次。

①手拉油泵油池在横向工作台左上方，注油时，旋开油池盖，注入润滑油至与油标线齐。

②挂架上油池在挂架轴承处，注油方法同手拉油泵油池。

（3）6 个月换油一次。

①主轴传动箱油池一般由机修人员负责，为保证油质，6 个月调换一次。

②进给传动箱油池的换油情况与主轴传动箱油池相同。

2. 铣床的日常维护保养操作

（1）如图 3-14 所示，每天下班前，用棕刷和棉纱将机床各部分打扫干净，机床外露的滑动表面擦干净，并用油壶浇油进行润滑。

图 3-14 清理机床

（2）一周工作结束后，用棉纱蘸清洗剂擦洗，清扫各外表面、防护罩及各操纵手柄。

3. 铣床的一级保养操作

铣床运行 500 h 后配合机修工人进行一级保养，具体操作如表 3-4 所示。

表 3-4 铣床的一级保养操作

保养部位	保养内容及要求	备注
外保养	1. 用棉纱将铣床各外表面、死角及防护罩内外擦净，使其无锈蚀，无油垢 2. 将机床附件进行清洗，并涂油防蚀 3. 检查设备外部有无缺件	
传动部分	1. 修光导轨毛刺，调整镶条 2. 将纵向工作台、横向工作台、丝杠等拆卸下来清洗一次 3. 调整丝杠螺母间隙，丝杠轴向不得窜动，调整离合器摩擦片间隙 4. 清洗各方向的挡铁，并适当调整松紧 5. 适当调整 V 形带	
冷却部分	1. 根据情况调换切削液 2. 清洗过滤网、切削液槽，应无沉淀物、无切屑	

保养部位	保养内容及要求	备注
润滑	1. 检查油质，应保持良好 2. 检查油泵，内外清洁，无油污 3. 保证油路畅通无阻，油毛毡清洁，无切屑，油窗明亮	
附件	清洗附件，做到清洁、整齐、无锈迹	
电器	1. 清扫电器箱、电动机一次 2. 检查电气装置是否牢固可靠、整齐，限位装置是否安全可靠	

【任务检测与总结】

1. 任务检测与反馈

对铣床的润滑与维护保养进行检测评价，评分表如表 3-5 所示。

表 3-5　铣床润滑与维护保养评分表

铣床编号：　　　　　　姓名：　　　　　　学号：　　　　　　成绩：

序号	项目	检测项目	配分	评分标准	自评结果	互评结果	得分
1	润滑操作	每班注油一次	15	注油成功			
2		两天注油一次	10	注油成功			
3	日常保养	机床清洁	15	机床打扫干净			
4	一级保养	外保养	10	无锈迹，无油垢			
5		传动部分保养	10	无间隙，无窜动			
6		冷却部分保养	10	无沉积物，无切屑			
7		润滑	10	油路通畅，油质良好			
8		附件保养	5	清洁、整齐，无锈迹			
9		电气装置保养	5	无灰尘，牢固可靠			
10	安全文明生产		6	酌情扣分			
11	其他		4	酌情扣分			

2. 任务总结

(1)任务注意事项。

①开机前必须注油润滑，一般用 N32 机油。

②维护保养后，使各工作台在进给方向上处于中间位置，各手柄恢复原位。

(2)任务完成情况小结(自评)。

【任务拓展练习】

拓展任务：学生参照 X6132 型卧式铣床的润滑，在教师的指导下完成 X5032 型立式铣床的润滑。

拓展任务准备：X5032 型立式铣床若干、注油枪、刷子、抹布和润滑油。

任务三　铣刀的安装

任务要求

(1)掌握带孔铣刀的安装方法。
(2)掌握带柄铣刀的安装方法。

任务分析

铣刀是铣床加工的主要工具，根据卧式和立式铣床的不同，其安装方法也有所区别。掌握铣刀的安装，为加工工件做好准备。

任务准备

(1)原材料准备：圆柱铣刀、锥柄立铣刀若干把。
(2)工具准备：铣工常用工具。

任务实施

(一)相关任务工艺

铣刀的种类很多，用途各不相同。按铣刀的安装方法，可分为带孔铣刀和带柄铣刀两类。

1. 带孔铣刀的安装

(1)常用长刀杆安装带孔铣刀中的圆柱铣刀或三面刃铣刀等盘形铣刀，如图 3-15 所示。

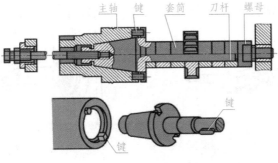

图 3-15　盘形铣刀的安装

（2）常用短刀杆安装带孔铣刀中的端铣刀，如图3-16所示。

图 3-16 端铣刀的安装

(a)短刀杆；(b)安装在短刀杆上的端铣刀

2. 带柄铣刀的安装

（1）直柄铣刀的安装如图3-17（a）所示。安装时，要用弹簧夹头安装，即铣刀的直柄要插入弹簧套内，然后旋紧螺母以压紧弹簧套的端面，使弹簧套的外锥面受压而使孔径缩小，夹紧直柄铣刀。

（2）锥柄铣刀的安装如图3-17（b）所示。安装时，要根据铣刀锥柄的大小选择适合的过渡锥套，还要将各种配合表面擦净，然后用拉杆把铣刀及变锥套一起拉紧在主轴上。

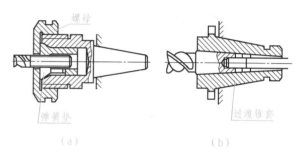

图 3-17 带柄铣刀的安装

(a)直柄铣刀的安装；(b)锥柄铣刀的安装

（二）铣刀的安装步骤

1. 圆柱铣刀的安装步骤

如图3-18所示，锁紧主轴，根据刀杆长度调整横梁伸出长度，紧固横梁，擦净刀杆锥柄和主轴锥孔，安装并紧固刀杆。刀杆上先套上几个垫圈，装上键，再套上铣刀。

如图3-19所示，铣刀外侧刀杆再套上几个垫圈后，拧上紧刀螺母。

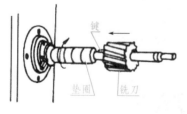

图 3-18 圆柱铣刀的安装（一）

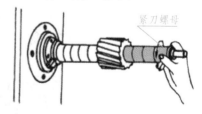

图 3-19 圆柱铣刀的安装（二）

如图3-20所示，擦净刀轴配合轴颈、挂架轴承孔，注入润滑油，擦净横梁和挂架导轨面，安装并调整挂架轴承间隙，拧紧挂架紧固螺钉。

如图 3-21 所示，初步拧紧紧刀螺母，开车观察铣刀是否装正，装正后用力拧紧紧刀螺母。

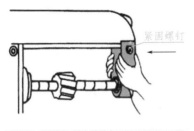

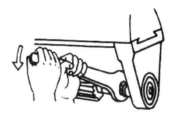

图 3-20 圆柱铣刀的安装(三)　　　　　图 3-21 圆柱铣刀的安装(四)

2. 锥柄立铣刀的安装步骤

如图 3-22 所示，将主轴转速调至最低或锁紧主轴，选择中间锥套，擦净铣刀锥柄、中间锥套和立铣头主轴锥孔，使铣刀锥柄装入中间锥套锥孔，将铣刀和中间锥套一同装入立铣头主轴锥孔。

如图 3-23 所示，用拉紧螺杆拉紧。

图 3-22 锥柄立铣刀的安装(一)　　　　　图 3-23 锥柄立铣刀的安装(二)

如图 3-24 所示，用固定扳手或活动扳手拧紧拉紧螺杆。

图 3-24 锥柄立铣刀的安装(三)

【任务检测与总结】

1. 任务检测与反馈

对铣刀的安装进行检测评价，评分表如表 3-6 所示。

表 3-6　铣刀安装评分表

铣床编号：　　　　　　　姓名：　　　　　　　学号：　　　　　　　成绩：

序号	项目	检测项目	配分	评分标准	自评结果	互评结果	得分
1	圆柱铣刀安装	圆柱铣刀安装	45	安装到位，牢固可靠			
2	锥柄立铣刀安装	锥柄立铣刀安装	45	安装到位，牢固可靠			
3	安全文明生产		6	酌情扣分			
4	其他		4	酌情扣分			

2. 任务总结

(1)任务注意事项。

①安装铣刀时应擦净各接合表面，以免因脏物而影响铣刀的安装精度。

②圆柱铣刀和其他带孔铣刀安装时，应先紧固挂架后紧固铣刀。

③挂架轴承孔与刀轴配合轴颈应有足够的配合长度。

④拉紧螺杆的螺纹应与刀轴或铣刀的螺孔有足够的配合长度。

⑤铣刀安装后应检查安装情况是否正确。

(2)任务完成情况小结(自评)。

【任务拓展练习】

拓展任务：学生参照 X6132 型卧式铣床刀具的安装，在教师的指导下完成 X5032 型立式铣床刀具的安装。

拓展任务准备：X5032 型立式铣床若干台，锥柄立铣刀、键槽铣刀等刀具若干，铣工常用工具。

项目二

铣平面、斜面和台阶面

项目导引

(1)掌握用圆柱铣刀、套式端铣刀铣平面的方法。

(2)掌握用圆柱铣刀铣斜面的方法。

(3)掌握用三面刃铣刀铣台阶面的方法。

任务一　铣　平　面

任务要求

(1)掌握用机用平口钳和压板装夹工件的方法。

(2)了解平面铣削的方法,掌握平面铣削的操作要领,正确选择切削用量。

(3)掌握用圆柱铣刀、套式端铣刀铣平面的方法。

(4)掌握长方体零件的加工顺序和基准面的选择方法。

(5)掌握铣垂直面和平行面的方法。

任务分析

1. 任务图纸

加工如图 3-25 所示矩形工件。

2. 图纸分析

平面是工件中常见的加工元素,平面一般采用铣或刨的方式加工。铣平面可以选用多种刀具,如圆柱铣刀、盘铣刀和立铣刀等。卧式铣床一般采用圆柱铣刀和盘铣刀加工平面。图 3-25 所示工件需先加工基准面,再以基准面为基准加工其余三面,加工中的难点在于垂直度和平行度公差的控制。

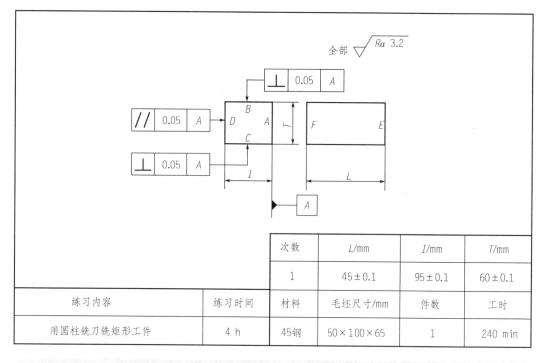

次数	L/mm	I/mm	T/mm
1	45±0.1	95±0.1	60±0.1

练习内容	练习时间	材料	毛坯尺寸/mm	件数	工时
用圆柱铣刀铣矩形工件	4 h	45钢	50×100×65	1	240 min

图 3-25 矩形工件

任务准备

（1）原材料准备：圆柱铣刀和端铣刀。

（2）工具准备：铣工常用工具。

（3）量具准备：游标卡尺、千分尺、直角尺、塞尺、百分表和磁性表座。

任务实施

（一）相关任务工艺

1. 工件的装夹

在铣床上装夹工件时，最常用的两种方法为：用机用平口钳装夹工件和用压板装夹工件。另外，还可以用 V 形铁、三爪卡盘和万能分度头等装夹工件。

1）用机用平口钳装夹工件

（1）机用平口钳的结构。

机用平口钳是最常见的通用夹具，主要用来装夹中小型零件。机用平口钳用 T 形螺栓固定在铣床工作台上，其结构如图 3-26 所示。

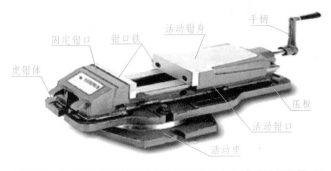

图 3-26 机用平口钳结构

(2)机用平口钳的安装与校正。

①安装前，将机用平口钳的底面与工作台面擦干净，若有毛刺、凸起，应用磨石修磨平整。

②检查机用平口钳底部的定位键是否紧固，定位键定位面是否同一方向安装。

③机用平口钳安装在工作台中间的 T 形槽内，钳口位置居中。用手拉动机用平口钳底盘，使定位键向 T 形槽一侧贴合。

④校正。可用划针、宽座角尺及百分表进行机用平口钳的校正，如图 3-27 所示，校正后用 T 形螺栓将机用平口钳压紧在工作台面上。

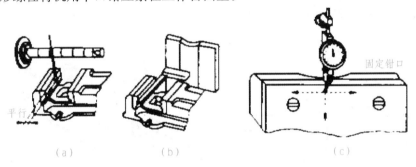

（a） （b） （c）

图 3-27 校正机用平口钳

(a)用划针校正；(b)用宽度角尺校正；(c)用百分表校正

(3)装夹工件的方法。

①钳口垫铜皮装夹毛坯件，如图 3-28 所示。

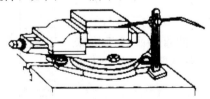

图 3-28 钳口垫铜皮装夹毛坯件

②用圆棒夹持工件，如图 3-29 所示。

③用平行垫铁装夹工件，如图 3-30 所示。

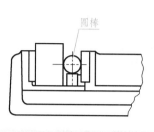 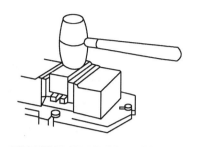

图 3-29　用圆棒夹持工件　　　　　图 3-30　用平行垫铁装夹工件

（4）机用平口钳装夹工件的注意事项。

①在铣床上安装机用平口钳及装夹工件时，应擦净铣床工作台面、钳座底面、钳口及工件表面。

②应将工件的基准面紧贴固定钳口或钳体的导轨面，并使固定钳口承受铣削力。

③工件的装夹高度以铣削尺寸高出钳口 3～5 mm 为宜。

④应在工件与钳口间垫一块铜皮，保护钳口以避免夹伤已加工工件表面。

2）用压板装夹工件

（1）压板螺钉机构。

利用压板螺钉机构，通过机床工作台的 T 形槽，可以把工件、夹具或其他机床附件固定在工作台上。压板螺钉机构如图 3-31 所示。

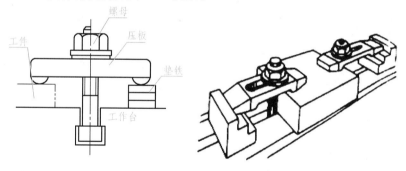

图 3-31　压板螺钉机构

（2）找正工件。

如图 3-32 所示，使用压板装夹工件时，为确定加工面与铣刀的相对位置，一般均需找正工件定位，即用百分表打表，使工件直边平行于机床导轨，然后用螺钉、压板把工件压紧在工作台上。

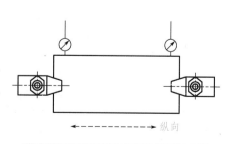

图 3-32　压板装夹找正工件

2. 平面的铣削方法

1）周铣法

利用铣刀圆周上的切削刃进行铣削的方法称为周铣法，如用立铣刀、圆柱铣刀铣削各种不同的表面。根据铣刀旋转方向与工件进给方向的关系，可将周铣法分为顺铣和逆铣两大类。

周铣时一般采用逆铣，特别是粗铣时；精铣时，为提高工件表面质量，可采用顺铣，如果工作台丝杠与螺母间有间隙补偿或调整机构，顺铣更具有优势。

2）端铣法

用分布在铣刀端面上的切削刃进行铣削的方法称为端铣法。根据铣刀在工件上的铣削位置，端铣可分为对称端铣与不对称端铣两种方式，如图 3-33 所示。

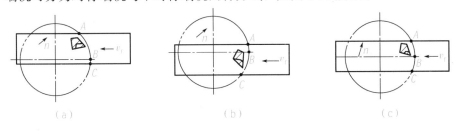

图 3-33　端铣的对称铣和不对称铣

(a)不对称逆铣；(b)不对称顺铣；(c)对称铣

(1)不对称端铣。在切削部位，铣刀中心偏向工件铣削宽度一边的端铣方式，称为不对称端铣。

不对称端铣时，按铣刀偏向工件的位置，在工件上可分为进刀部分与出刀部分。图 3-33(a)中 AB 为进刀部分，BC 为出刀部分。

按顺铣与逆铣的定义，显然，出刀部分为顺铣，进刀部分为逆铣。不对称端铣时，进刀部分大于出刀部分时，称为逆铣；反之称为顺铣。

不对称端铣时，通常应采用如图 3-33(a)所示的逆铣方式。

(2)对称端铣。在切削部位，铣刀中心处于工件铣削宽度中心的端铣方式称为对称端铣。用端铣刀进行对称端铣时，只适用于加工短而宽或厚的工件，不宜铣削狭长形较薄的工件。

3. 平面铣削操作要领

1）调整进给量与主轴转速

进给量的调整通常通过选择每齿进给量 f_z 来确定。粗铣取 f_z 为 0.10～0.25 mm/z；精铣取 f_z 为 0.05～0.12 mm/z。

主轴转速的调整是通过选用铣削速度 v_c 来确定的。采用高速钢铣刀铣削时，粗铣取 v_c 为 20～30 m/min；精铣取 v_c 为 90～150 m/min。

2）对刀

启动铣床，转动工作台手轮使工作台慢慢靠近铣刀，当铣刀与工件表面轻轻接触后记下工作台刻度，作为进刀起始点，再退出铣刀，以便进刀。注意，通常不允许直接在工件表面进刀。

3）试切、调整铣削深度

根据工件加工余量，选择合适的铣削深度 a_p。

试切时，先调整铣削深度，再手动进给试切 2～3 mm，然后退出工件，停车测量尺寸,如尺寸符合要求,即可进行铣削;如尺寸过大或过小,则应重新调整铣削深度,再进行铣削。

一般粗铣取 a_p 为 2.5~5.0 mm;精铣取 a_p 为 0.3~1.0 mm。

4)铣削

铣削时,进给时应待铣刀全部脱离工件表面后方可停止进给。退刀时,应先使铣刀退出铣削表面,再退回工作台至起始位置,以免加工表面被铣刀拉毛。为保证铣削质量,应注意加注合适的切削液。铣平面的步骤如图 3-34 所示。

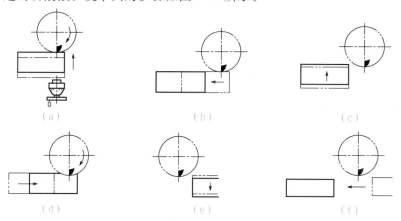

图 3-34 铣平面的步骤
(a)升高工作台使工件与铣刀相接触;(b)水平退出工作台;
(c)升高工作台;(d)铣削;(e)往下退刀;(f)水平退刀

5)平面的检测

用游标卡尺或千分尺测量平面尺寸,平面度可用刀口形直尺或用百分表检测;垂直度可用角尺检验;平行度可用千分尺或百分表检测。

(二)任务操作步骤

1. 用圆柱铣刀铣平面

用圆柱铣刀铣平面的步骤如表 3-7 所示。

表 3-7 用圆柱铣刀铣平面的步骤

步骤	操作内容	备注
1	认真阅读零件图,仔细检查毛坯尺寸,并计算加工余量	50×100×70
2	选用机用虎钳装夹工件,校正固定钳口与横向进给方向平行,然后紧固	调整正确
3	将工件放在钳口内,垫上平行垫铁,夹紧并检查工件与垫铁是否贴紧	正确装夹
4	选用螺旋圆柱铣刀,选择合适的刀杆,将铣刀装在刀杆中间,并靠近机床床身	$\phi80×63×\phi32$, $Z=8$
5	选择合适的铣削用量,将主轴变速箱和进给变速箱上各手柄扳至所需位置	$v_f=47.5$ mm/min, $n=75$ r/min

步骤	操作内容	备注
6	对刀调整：调整工作台，使工件位于铣刀下方，紧固横向工作台；启动机床，摇动垂向手柄，使工件上升至稍微触碰铣刀，在垂向刻度盘上做好记号；操纵手柄，使工件先垂向后纵向退出	准确对刀
7	粗铣平面：摇动垂向手柄，调整铣削深度，留 0.5 mm 左右为精铣余量（如余量过大，可分几次完成）；摇动纵向手柄，使工件靠近铣刀至稍微触碰，打开切削液，纵向机动进给完成粗铣；停机关切削液，使工件先垂向后纵向退出	正确操作
8	精铣平面：测量工件，确定精铣余量；调整转速和进给量，用前述方法精铣平面；停机，关闭切削液，拆卸工件	
9	质量检测	去毛刺，测量工件

注意事项：

①铣削前精确校正工作台零位。夹紧工件后，应取下机用平口钳扳手。

②装刀时，必须使铣削轴向力指向主轴，以增大铣削时的平稳性。

③粗加工时可选择粗齿铣刀，精加工时可选择细齿铣刀。

④选择主轴旋向时，注意顺铣和逆铣的区别。

⑤不使用的进给机构应紧固，进给完毕后应松开。

⑥铣削中，不能停止铣刀旋转和工作台机动进给，以免损坏刀具，啃伤工件；不准用手触摸工件和铣刀；不准测量工件；不准变换工作台进给量。因故需停机时，应先降落工作台，再停止铣刀旋转和工作台机动进给。

⑦进给结束后，工件不能在铣刀旋转的情况下退回，应先降工作台再退刀。

⑧铣削钢件时应加切削液。

2. 用套式端铣刀铣平面

用套式端铣刀铣平面的步骤如表 3-8 所示。

表 3-8　用套式端铣刀铣平面的步骤

步骤	操作内容	备注
1	认真阅读零件图，仔细检查毛坯尺寸，并计算加工余量	$50 \times 100 \times 65$
2	选用机用虎钳装夹工件，校正固定钳口与横向进给方向平行，然后紧固	调整正确
3	将工件放在钳口内，垫上平行垫铁，夹紧并检查工件与垫铁是否贴紧	正确装夹
4	选用套式端铣刀，安装并校正立铣头，选择合适的刀杆安装铣刀	$d=80$ mm，$Z=10$
5	选择合适的铣削用量，将主轴变速箱和进给变速箱上各手柄扳至所需位置	$v_f = 150$ mm/min，$n=75$ r/min
6	对刀调整：调整工作台，使工件位于铣刀下方，紧固横向工作台；启动机床，摇动垂向手柄，使工件上升至与铣刀接触，在垂向刻度盘上做好记号；操纵手柄，使工件先垂向后纵向退出	准确对刀

步骤	操作内容	备注
7	粗铣平面：摇动垂向手柄，调整铣削深度，留 0.5 mm 左右精铣余量；摇动纵向手柄，使工件靠近铣刀直至接触，打开切削液，纵向机动进给完成粗铣；停机，关闭切削液，使工件先垂向后纵向退出	正确操作
8	精铣平面：测量工件，确定精铣余量，调整主轴转速和进给量，用前述方法精铣平面；停机，关闭切削液，拆卸工件	$v_f = 95$ mm/min，$n = 95$ r/min
9	质量检测	去毛刺，测量工件

注意事项：

①铣削时，尽量采用不对称逆铣，以免工件窜动。

②铣削时，必须校正立铣头主轴轴线与工作台面的垂直度。

③铣削时，应注意消除丝杠和螺母间隙对移动尺寸的影响。

④调整铣削深度时，如余量过大，可分几次完成进给。

⑤及时用锉刀修整工件上的毛刺和锐边。

3. 铣矩形工件

铣矩形工件的步骤如表 3-9 所示。

表 3-9　铣矩形工件的步骤

步骤	操作内容	备注
1	认真阅读零件图，仔细检查毛坯尺寸，并计算加工余量	$50 \times 100 \times 65$
2	选用机用虎钳装夹工件，校正固定钳口与横向进给方向平行，与工作台面垂直，然后紧固	装夹正确
3	选用螺旋圆柱铣刀，选择合适的刀杆，将铣刀装在刀杆中间，并靠近机床床身	$\phi 80 \times 80 \times \phi 32$，$Z = 8$
4	选择合适的铣削用量，将主轴变速箱和进给变速箱上各手柄扳至所需位置	$v_f = 75$ mm/min，$n = 75$ r/min
5	粗铣 A 面： (1)以 B 面为粗基准，靠向固定钳口，下方垫上平行垫铁，在活动钳口处放置一圆棒，夹紧。 (2)按前述铣平面的方法对刀调整，留 0.5mm 左右精铣余量，纵向机动进给完成粗铣	
6	粗铣 C 面： (1)取下工件，去毛刺，以 A 面为基准，按铣 A 面的方法装夹工件。 (2)按前述方法粗铣 C 面；取下工件，去毛刺，检查 C 面与 A 面的垂直度，如不符合要求，重新校正并固定钳口，再进行铣削至要求	

续表

步骤	操作内容	备注
7	粗铣 B 面： (1)取下工件，去毛刺；以 A 面为基准，并使 C 面紧靠平行垫铁，按铣 A 面的方法装夹工件。 (2)按前述方法粗铣 B 面；取下工件，去毛刺，检查 B 面与 A 面的垂直度	
8	粗铣 D 面： (1)取下工件，去毛刺；以 B 面为基准，并使 A 面紧靠平行垫铁，按铣 A 面的方法装夹工件。 (2)按前述方法粗铣 D 面	
9	粗铣 E 面： (1)取下工件，去毛刺；以 A 面为基准，与固定钳口贴紧，预紧工件，找正 B 面与导轨面垂直，夹紧工件。 (2)按前述方法粗铣 E 面；取下工件，去毛刺，检查 A 面和 B 面对 E 面的垂直度，如误差较大，需重新找正，再铣削至要求	
10	粗铣 F 面： (1)取下工件，去毛刺；以 A 面为基准，并使 E 面紧靠平行垫铁，按铣 A 面的方法装夹工件。 (2)按前述方法粗铣 F 面	
11	精铣：测量工件，确定精铣余量，调整转速和进给量，按粗铣矩形工件的顺序和方法精铣各个平面，铣削至图样要求；停机，关闭切削液，拆卸工件	$v_f = 47.5$ mm/min，$n = 95$ r/min
12	检查垂直度、平行度和尺寸精度，若不符合要求，应重新铣削至图样要求尺寸	去毛刺，测量工件

【任务检测与总结】

1. 任务检测与反馈

对加工完成的平面进行检测评价，评分表如表 3-10 所示。

表 3-10 铣平面评分表

铣床编号： 姓名： 学号： 成绩：

序号	项目	检测项目	配分	评分标准	自评结果	互评结果	得分
1	长度	45 mm	11	超差不给分			
2	宽度	95 mm	11	超差不给分			
3	高度	60 mm	11	超差不给分			
4	表面粗糙度	全部 Ra 3.2 μm	20	超差不给分			

序号	项目	检测项目	配分	评分标准	自评结果	互评结果	得分
5	垂直度	0.05 mm(2 处)	24	超差不给分			
6	平行度	0.05 mm	12	超差不给分			
7	安全文明生产		7	防止磨到手			
8	其他		4	根据现场扣分			

2. 任务总结

(1)任务注意事项。

①圆柱铣刀和其他带孔铣刀安装时，应先紧固挂架后紧固铣刀。

②安装铣刀时应擦净各接合表面，以免因脏物影响铣刀的安装精度。

③拉紧螺杆的螺纹应与刀轴或铣刀的螺孔有足够的配合长度。

④挂架轴承孔与刀轴配合轴颈应有足够的配合长度。

⑤铣刀安装后应检查安装情况是否正确。

(2)任务完成情况小结(自评)。

【任务拓展练习】

拓展任务：铣削长方体(见图 3-35)。

拓展任务准备：圆柱铣刀、端铣刀、铣工常用工具、游标卡尺、千分尺、直角尺、塞尺、百分表和磁性表座等。

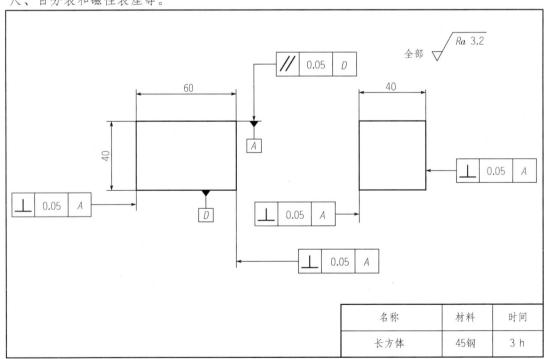

图 3-35 长方体

任务二　铣　斜　面

任务要求

(1)掌握用圆柱铣刀铣斜面的方法。

(2)掌握用圆柱铣刀铣六角的方法。

(3)掌握斜面的测量方法。

(4)学会分析铣削中出现的质量问题。

任务分析

1. 任务图纸

按图 3-36 所示要求用机用平口钳装夹铣六角。

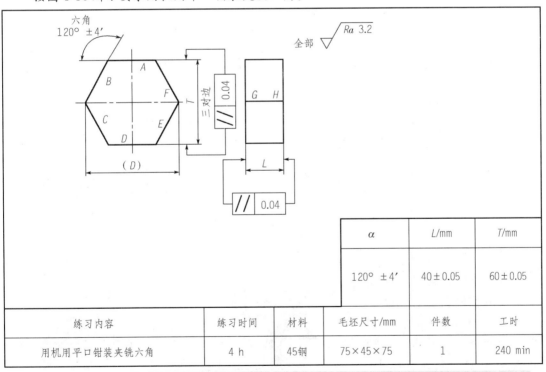

α	L/mm	T/mm
120° ±4′	40±0.05	60±0.05

练习内容	练习时间	材料	毛坯尺寸/mm	件数	工时
用机用平口钳装夹铣六角	4 h	45钢	75×45×75	1	240 min

图 3-36　用机用平口钳装夹铣六角

2. 图纸分析

铣斜面方法多样，大规模生产常采用角度铣刀铣削；单件生产一般采用机用平口钳装夹，划线找正加工。加工时要注意划线准确，并多次测量。一般各面加工顺序为：相对的面先后加工。

任务准备

(1)原材料准备：圆柱铣刀。

(2)工具准备：铣工常用工具。

(3)量具准备：游标卡尺、千分尺、万能角度尺、百分表、磁性表座和高度游标卡尺。

任务实施

(一)相关任务工艺

工件上的斜面常用以下几种方法进行铣削。

1. 用斜垫铁装夹铣斜面

如图 3-37 所示，在工件的基准下面垫一块斜垫铁，如果调整斜垫铁的角度，则能铣出不同角度的工件斜面。

2. 用机用平口钳装夹铣斜面

用机用平口钳装夹铣斜面，如图 3-38 所示。先划线，在毛坯上划出斜面的轮廓线，并在线上打上样冲眼，然后将工件轻夹在机用平口钳上，按划线找正工件位置，即使所划的线与工作台平行，最后夹紧工件。铣削掉多余部分的工件材料，完成斜面加工。

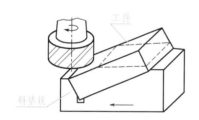

图 3-37 用斜垫铁装夹铣斜面

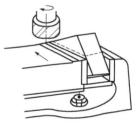

图 3-38 用机用平口钳装夹铣斜面

3. 用万能立铣头铣斜面

转动立铣头就可以改变立铣头的空间位置，把铣刀调成要求的角度铣斜面，如图 3-39 所示。在立铣头主轴可转动角度的立式铣床上，安装立铣刀或面(端)铣刀，用机用平口钳或压板装夹工件，可加工出要求的斜面。

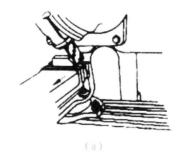

(a)

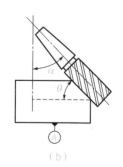

(b)

图 3-39 用立铣头铣斜面

(a)转动立铣头铣斜面；(b)立铣头与工件垂直

4. 用角度铣刀铣斜面

对于宽度较窄的斜面，可用角度铣刀铣削，如图 3-40（a）所示。应根据工件斜面的角度选择铣刀的角度，同时所铣斜面的宽度应小于角度铣刀的切削刃长度。铣削对称的双斜面时，应选择两把直径和角度相同、切削刃相反的角度铣刀，安装铣刀时最好使两把铣刀的刃齿错开，以减小铣削力和振动，如图 3-40（b）所示。由于角度铣刀的刀齿强度较弱，排屑较困难，所以使用角度铣刀时，选择的切削用量应比圆柱铣刀低20％左右，尤其是每齿进给量 f_z 更要适当减小。

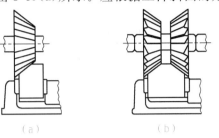

图 3-40 用角度铣刀铣斜面
(a)铣单斜面；(b)铣双斜面

(二)任务操作步骤

1. 铣斜面

用圆柱铣刀铣斜面的步骤如表 3-11 所示。

表 3-11 用圆柱铣刀铣斜面的步骤

步骤	操作内容	备注
1	认真阅读零件图，仔细检查毛坯尺寸并划出斜面的轮廓线	$60 \times 70 \times 75$
2	选用机用平口钳装夹工件，校正固定钳口与横向进给方向平行，然后紧固	调整正确
3	将工件放在钳口内预紧，用划针盘校正斜面轮廓线并使其与工作台面平行，夹紧工件	正确装夹
4	选用螺旋圆柱铣刀，选择合适的刀杆，将铣刀安装在刀杆上，尽量靠近铣床主轴	$\phi 80 \times 80 \times \phi 32$ $Z=8$
5	选择合适的铣削用量，将主轴变速箱和进给变速箱上各手柄扳至所需位置	$v_f = 75$ mm/min $n=75$ r/min
6	对刀调整：调整工作台，使工件位于铣刀下方，紧固横向工作台；启动机床，摇动垂向手柄至铣刀与工件最高点接触，在垂向刻度盘上做好记号，使工件先垂向后纵向退出	准确对刀
7	粗铣斜面：摇动垂向手柄，调整铣削深度，留 1 mm 左右精铣余量；摇动纵向手柄，使工件靠近铣刀直至接触。打开切削液开关，纵向机动进给完成粗铣；停机，关闭切削液开关，使工件先垂向后纵向退出；去毛刺，测量工件角度口，若不符合要求，需重新校正，铣削至要求尺寸	正确操作
8	精铣斜面：调整转速和进给量，适当提高铣削速度，减小进给量；用前述方法精铣平面，停机，关闭切削液开关，拆卸工件	$v_f = 47.5$ mm/min $n=95$ r/min
9	去毛刺，测量工件，检测后若不符合要求，应重新铣削至图样要求尺寸	

2. 铣六角

六角零件的铣削步骤如表 3-12 所示。

表 3-12 用机用平口钳装夹铣六角零件的步骤

步骤	操作内容	备注
1	看图并检查毛坯尺寸,计算加工余量	$75 \times 45 \times 75$
2	选用螺旋圆柱铣刀,选择合适的刀杆,将铣刀安装在刀杆上,尽量靠近铣床主轴	$\phi 80 \times 80 \times \phi 32$ $Z=8$
3	选用机用虎钳装夹工件,校正固定钳口,使其与横向进给方向平行,然后紧固	正确装夹
4	选择合适的铣削余量,将主轴变速箱和进给变速箱上各手柄扳至所需位置	$v_f = 75$ mm/min $n = 75$ r/min
5	铣削加工: (1)用铣平面的方法铣出 G 和 H 两面,保证尺寸 L 及平行度。 (2)用铣平面的方法铣出 A 和 D 两面,保证尺寸 T 及平行度。 (3)划出 B 面和 E 面的加工线。 (4)将工件放在钳口内,找正 B 面铣削,保证 A 面与 B 面的夹角;以 B 面为水平基准,铣削 E 面,保证 D 面与 E 面的夹角、尺寸 T 及平行度。 (5)划出 F 面和 C 面的加工线。 (6)将工件放在钳口内,找正 F 面铣削,保证 A 面与 F 面的夹角;以 F 面为水平基准,铣削 C 面,保证 D 面与 C 面的夹角、尺寸 T 及平行度	
6	去毛刺,测量工件,检测后若不符合要求,应重新铣削至图样要求尺寸	(40 ± 0.05)mm $120° \pm 4'$, $Ra\ 3.2\ \mu m$ (60.6 ± 0.05) mm, 平行度

3. 注意事项

(1)铣削时注意铣刀的旋转方向是否正确。

(2)调整铣削深度时,如信息量过大,可分几次完成进给。

(3)不使用的进给机构紧固,工作完毕后应松开。

【任务检测与总结】

1. 任务检测与反馈

对加工完成的六角进行检测评价,评分表如表 3-13 所示。

表 3-13 铣六角评分表

铣床编号: 姓名: 学号: 成绩:

序号	项目	检测项目	配分	评分标准	自评结果	互评结果	得分
1	厚度	(40 ± 0.05)mm	5	超差不给分			
2	宽度	(60.6 ± 0.05)mm	10	超差不给分			
3	角度	$120° \pm 4'$	15	超差不给分			
4	表面粗糙度	$Ra\ 3.2\ \mu m$	20	超差不给分			
5	平行度	三对边 0.05 mm	30	超差不给分			

序号	项目	检测项目	配分	评分标准	自评结果	互评结果	得分
6	平行度	0.05 mm	10	超差不得分			
7	安全文明生产		6	防止磨到手			
8	其他		4	根据现场扣分			

2. 任务总结

(1)任务注意事项。

①圆柱铣刀和其他带孔铣刀安装时，应先紧固挂架后紧固铣刀。

②安装铣刀时应擦净各接合表面，以免因脏物影响铣刀的安装精度。

③拉紧螺杆的螺纹应与刀轴或铣刀的螺孔有足够的配合长度。

④挂架轴承孔与刀轴配合轴颈应有足够的配合长度。

⑤铣刀安装后应检查安装情况是否正确。

(2)任务完成情况小结(自评)。

【任务拓展练习】

拓展任务：按图3-41所示要求铣削三棱柱。

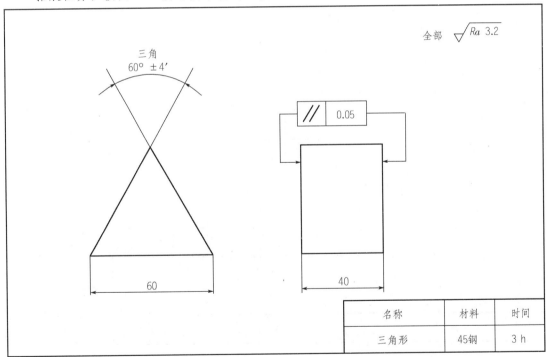

图3-41　三棱柱

拓展任务准备：圆柱铣刀、铣工常用工具、游标卡尺、千分尺、万能角度尺、百分表、磁性表座和高度游标卡尺等。

任务三 铣台阶面

🔧 任务要求

(1)了解铣削台阶的常用方法。

(2)掌握用三面刃铣刀铣台阶的方法。

(3)能够正确选择铣刀。

🔧 任务分析

1. 任务图纸

三面刃铣削台阶如图 3-42 所示。

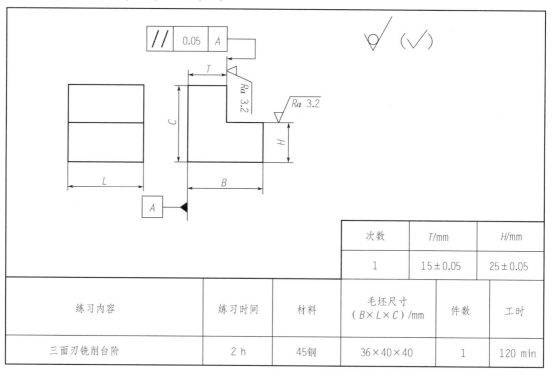

次数	T/mm	H/mm
1	15±0.05	25±0.05

练习内容	练习时间	材料	毛坯尺寸 (B×L×C)/mm	件数	工时
三面刃铣削台阶	2 h	45钢	36×40×40	1	120 min

图 3-42 三面刃铣削台阶

2. 图纸分析

台阶是零件常见结构之一,其形式有多种。一般常采用立铣刀或三面刃铣刀加工。单件生产时,常选用三面刃铣刀逐一加工每一个台阶。

任务准备

（1）原材料准备：三面刃铣刀。
（2）工具准备：铣工常用工具。
（3）量具准备：游标卡尺、千分尺、百分表和磁性表座。

任务实施

（一）相关任务工艺

台阶由平行面和垂直面组合而成。台阶零件的形式如图3-43所示。

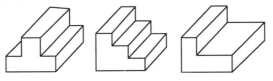

图3-43　台阶零件的形式

零件上的台阶通常可在卧式铣床上采用三面刃铣刀或立式铣床上采用立铣刀进行加工，常用的方法有以下三种。

1. 用一把三面刃铣刀加工

1）铣刀的选择

选择三面刃铣刀时，主要参数是宽度和直径，选用三面刃的宽度应尽量大于所铣台阶的宽度，以便在一次进给中铣出台阶的宽度。用一把三面刃铣刀铣台阶如图3-44所示。

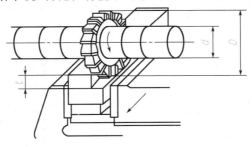

图3-44　用一把三面刃铣刀铣台阶

2）铣削方法

工件装夹校正后，手摇各个进给手柄，使旋转中的铣刀端刃划着工件的一侧，如图3-45（a）所示；然后降落工作台，如图3-45（b）所示；移动横向进给一个阶台宽度的距离，将横向进给紧固，再上升工作台，使铣刀圆周刃轻轻划着工件，如图3-45（c）所示；手摇纵向进给手柄，退出工件，上升工作台一个阶台深度，使工件靠近铣刀，扳动自动进给手柄铣出台阶，如图3-45（d）所示。

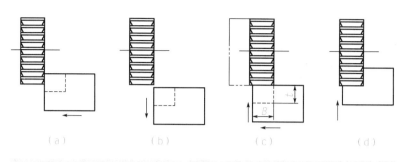

（a）   （b）   （c）   （d）

图 3-45　铣台阶的方法

2. 用立铣刀和端铣刀铣削台阶

加工尺寸较大、深度较深的台阶适合用立铣刀加工，如图 3-46 所示。

在立铣床上加工台阶时，宽度较宽、深度较浅的台阶适合用端铣刀加工，如图 3-47 所示。

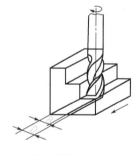

图 3-46　用立铣刀铣台阶

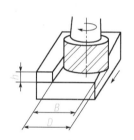

图 3-47　用端铣刀铣台阶

3. 用组合铣刀铣削台阶

在成批生产中，大都采用组合铣刀同时铣削几个台阶面，如图 3-48 所示。根据凸台的宽度调整三面刃铣刀内侧刃间的距离，如图 3-49 所示。

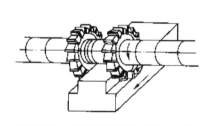

图 3-48　组合铣刀铣台阶

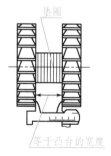

图 3-49　用卡尺测量铣刀内侧刃间的距离

(二)任务操作步骤

台阶零件的铣削步骤如表 3-14 所示。

表 3-14　三面刃铣台阶的操作步骤

步骤	操作内容	备注
1	认真阅读零件图，仔细检查毛坯尺寸，并计算加工余量	$36 \times 40 \times 40$
2	选用机用虎钳装夹工件，校正固定钳口，使其与纵向进给方向平行，然后紧固	
3	将工件放在钳口内，垫上平行垫铁，夹紧并检查工件与垫铁是否贴紧	
4	选用三面刃铣刀，选择合适的刀杆，将铣刀安装在刀杆的中间位置并夹紧	$\phi 100 \times 22 \times 27$, $Z = 20$
5	选择合适的铣削用量，将主轴变速箱和进给变速箱上各手柄扳至所需位置	$v_f = 60$ mm/min, $n = 60$ r/min
6	对刀调整：启动机床，操纵手柄，使工件上表面与铣刀周刃刚刚接触，在垂向刻度盘上做好记号，使工件先垂向后横向退出；操纵手柄，使铣刀端面齿移至与工件侧面接触，在横向刻度盘上做好记号，然后先横向后纵向退出	准确对刀
7	粗铣台阶：摇动垂向手柄，调整铣削深度，留 0.5 mm 左右精铣余量；摇动横向手柄，调整铣削宽度，留 0.5 mm 左右精铣余量，紧固横向工作台；启动机床，打开切削液开关，纵向机动进给完成粗铣；停机，关闭切削液开关，使工件先垂向后纵向退出	
8	精铣台阶面：测量工件尺寸，确定精铣余量；松开横向工作台，操纵手柄调整铣削深度和宽度(全部余量)，紧固横向工作台；调整转速和进给量，用前述方法精铣台阶面；停机，关闭切削液开关，拆卸工件	$v_f = 47.5$ mm/min, $n = 75$ r/min
9	去毛刺，测量工件，检测后若不符合要求，应重新铣削至图样要求尺寸	$T \pm 0.05$, $H \pm 0.05$ 平行度, $Ra\ 3.2\ \mu m$

【任务检测与总结】

1. 任务检测与反馈

对加工完成的台阶进行检测评价，评分表如表 3-15 所示。

表 3-15　铣台阶评分表

铣床编号：　　　　　姓名：　　　　　　学号：　　　　　　成绩：

序号	项目	检测项目	配分	评分标准	自评结果	互评结果	得分
1	高度	(25 ± 0.05)mm	20	超差不得分			
2	宽度	(15 ± 0.05)mm	20	超差不得分			
3	表面粗糙度	$Ra\ 3.2\ \mu m$(2 处)	30	超差不得分			
4	平行度	0.05 mm	20	超差不得分			
5	安全文明生产		6	防止磨到手			
6	其他		4	根据现场扣分			

2. 任务总结

(1)任务注意事项。

①机用平口钳的固定钳口应调整好。

②选择的垫铁应平行，铣削时工件与垫铁应清理干净。

③铣削时应校正工作台零位，铣刀侧面与工作台进给方向平行。

④铣削时，进给量和吃刀量不能太大，铣削钢件时必须加切削液。

(2)任务完成情况小结(自评)。

【任务拓展练习】

拓展任务：按图 3-50 所示要求铣削双台阶件。

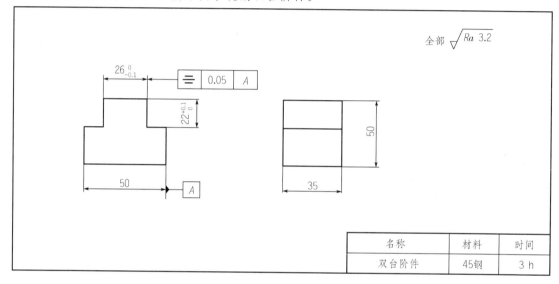

图 3-50 双台阶件

拓展任务准备：三面刃铣刀、铣工常用工具、游标卡尺、千分尺、百分表和磁性表座等。

铣沟槽

项目导引

(1)掌握使用 V 形块装夹工件的方法。

(2)熟悉铣键槽时常用的对刀方法。

(3)掌握槽的铣削方法。

(4)掌握槽的测量方法。

(5)学会分析槽铣削时出现的质量问题。

任务一 铣开口式键槽

任务要求

(1)掌握使用 V 形块装夹工件的方法。

(2)熟悉铣键槽时常用的对刀方法。

(3)掌握开口式键槽的铣削方法。

(4)正确选择铣刀,能够掌握键槽的测量方法。

任务分析

1. 任务图纸

按图 3-51 所示要求铣开口式键槽。

2. 图纸任务分析

开口式键槽一般位于轴的端部,加工时首先要考虑其在铣床上的装夹问题。其次,应考虑选用何种铣刀加工,以及加工时的具体步骤。

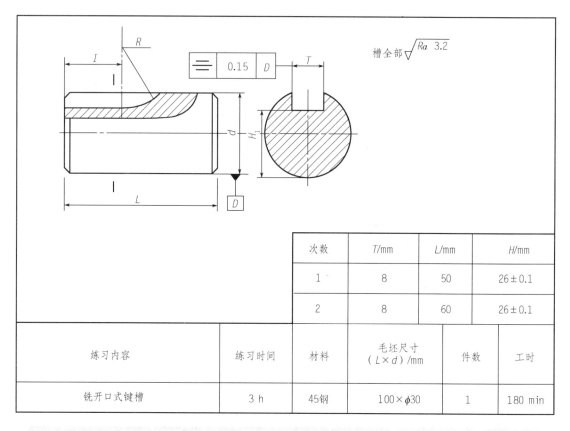

次数	T/mm	L/mm	H/mm
1	8	50	26±0.1
2	8	60	26±0.1

练习内容	练习时间	材料	毛坯尺寸 （L×d）/mm	件数	工时
铣开口式键槽	3 h	45钢	100×φ30	1	180 min

图 3-51　开口式键槽

任务准备

（1）原材料准备：三面刃铣刀。

（2）工具准备：铣工常用工具。

（3）量具准备：游标卡尺、百分表和磁性表座。

任务实施

（一）相关任务工艺

1. 使用 V 形块装夹工件

在轴上铣键槽时，必须使工件的轴线与工作台的进给方向一致并与工作台面平行。工件的装夹方法很多，一般常用平口钳、V 形块、分度头或专用抱钳等装夹工件。

1）V 形块定位与 V 形块的选用方法

装夹轴类工件时常选用 V 形块进行轴线定位，V 形块使工件的轴线位于 V 形的角平分线上。

常见的 V 形块有夹角为 90°和 120°的两种槽形。无论使用哪一种槽形，在装夹轴类工件时均应使轴的定位表面与 V 形块的 V 形面相切，根据轴的直径选择 V 形块口宽 B 的尺寸，如图 3-52 所示。

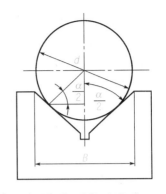

图 3-52 V 形块口宽的选择

(1)找正一个 V 形块。

①测量 V 形块平行度。将百分表座及百分表固定在机床主轴或床身某一适当位置，使百分表测头与 V 形块的一个斜面接触，纵向或横向移动工作台即可测出 V 形块与工作台纵向或横向移动方向的平行度，如图 3-53(a)所示。

②调整 V 形块位置。根据所测得的数值调整 V 形块的位置，直至满足要求为止。

(2)找正两个短 V 形块的位置。

采用两个短 V 形块装夹工件时，需要将标准的量棒放入 V 形槽内，用百分表校正量棒上素线与工作台面平行，保证其侧素线与工作台进给方向平行，如图 3-53(b)所示。

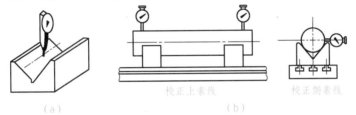

(a)　校正上素线　(b)　校正侧素线

图 3-53 在工作台上找正 V 形块的位置

一般情况下，平行度允许值为(0.02/100)mm。

2)用 V 形块装夹轴类工件时的注意事项

(1)注意保持 V 形块两 V 形面的洁净，无鳞刺，无锈斑，使用前应清除污垢。

(2)为保证 V 形块的精度，在装夹工件时应尽量使 V 形块不动。

(3)选择 V 形块要根据工件的定位直径确定。

(4)使用时，在 V 形块与机床工作台及工件定位表面间不得有棉丝毛及切屑等杂物。

(5)校正好 V 形块在铣床工作台上的位置(以平行度为准)。

(6)尽量使轴的定位表面与 V 形面多接触。

(7)要防止切削振动使 V 形块移位，所以 V 形块要放在靠近切削的位置。

(8)使用两个 V 形块装夹较长的轴件时，应注意调整好 V 形块与工作台进给方向的平行度，以及轴心线与工作台面的平行度。

2. 铣削键槽时常用的对刀方法

要保证键槽的对称度，关键是在铣削键槽时，调整好铣刀与工件相对位置，常用的对刀方法如下。

1)划线对刀法

先使划针的针尖偏离工件中心约 1/2 槽宽尺寸，并在工件上划出一条线。利用分度头把工件转过 180°，划针放到另一侧再划出一条线。然后将工件转过 90°，使划线处于工件上方。调整工作台，使铣刀处在两条划线的中间即可。

2）切痕对刀法

（1）盘形铣刀或三面刃铣刀的切痕对刀。先把工件大致调整到铣刀的中分线位置，再开动机床，在工件表面上切出一个椭圆形切痕，如图 3-54（a）所示。然后横向移动工作台，使铣刀落在椭圆的中间位置，如图 3-54（b）所示。

（2）键槽铣刀的切痕对刀。其原理与三面刃铣刀的切痕对刀法相同，只是键槽铣刀的切痕是一个矩形小平面，如图 3-55（a）所示。对刀时，使铣刀两刀刃在旋转时落在小平面的中间位置，如图 3-55（b）所示。

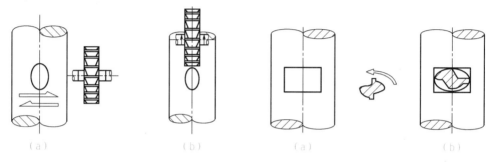

（a）　　　　　　　　　　（b）　　　　　　　　　（a）　　　　　　　　（b）

图 3-54　三面刃铣刀的切痕对刀　　　　　　图 3-55　键槽铣刀的切痕对刀法

3）擦边对刀法

先在工件侧面贴一张薄纸片，开动机床，当铣刀擦到薄纸片后，向下退出工件，再横向移动工作台，移动距离为 A，如图 3-56 所示。

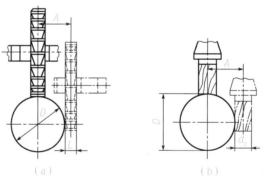

（a）　　　　　　　　　　　（b）

图 3-56　擦边对刀法
（a）用盘形铣刀或三面刃铣刀；（b）用立铣刀或键槽铣刀

（1）用盘形铣刀或三面刃铣刀时，A 值为
$$A=(D+L)/2+纸厚$$
（2）用立铣刀或键槽铣刀时，A 值为
$$A=(D+d_0)/2+纸厚$$
式中，A 为工作台横向移动距离（mm）；D 为工件直径（mm）；L 为铣刀宽度（mm）；d_0 为立铣刀直径（mm）。

注：在对刀过程中，若已把工件侧面切去一点，则把公式中的"＋纸厚"改为"－切除量"。

4)百分表对刀法

将一只杠杆百分表固定在铣床主轴上，并通过上下移动工作台使百分表的测头与工件外圆一侧的最突出素线相接触，再用手正反向转动主轴，记下百分表的最小读数。然后将工作台向下移动，退出工件，并将主轴转过180°。用同样的方法，在工件外圆的另一侧也测得百分表最小读数。比较前后两次读数，如果相等，则主轴已对准工件中心，否则应按它们的差值重新调整工作台的横向位置，直到百分表的两次读数差不超过允许范围为止，如图 3-57(a)所示。

当工件用机用平口钳装夹或用 V 形块装夹时，可用图 3-57(b)、(c)所示的方法来找正。

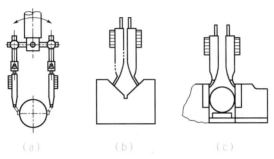

（a）　　　　　　（b）　　　　　　（c）

图 3-57　百分表对刀法

(a)对刀；(b)，(c)找正

3. 铣开口式键槽

铣开口式键槽如图 3-58 所示，由于铣刀的振摆会使槽宽扩大，所以选择三面刃铣刀的宽度应稍小于键槽宽度。对于宽度要求较严的键槽，可先进行试铣，以便确定铣刀合适的宽度。

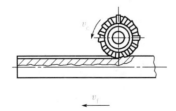

图 3-58　铣开口式键槽

铣刀和工件安装好后，要先对刀，以保证所铣键槽的对称性。随后进行铣削槽深的调整，调好后方可加工。当键槽较深时，需分多次走刀进行铣削。

(二)任务操作步骤

开口式键槽零件的铣削步骤如表 3-16 所示。

表 3-16　用三面刃铣刀铣开口式键槽的步骤

步骤	操作内容	备注
1	认真阅读零件图，仔细检查毛坯尺寸，并计算加工余量	100×φ30
2	选用机用虎钳装夹工件，校正固定钳口，使其与纵向进给方向平行，然后紧固	调整正确
3	将工件放在钳口内，垫上平行垫铁，夹紧，若有表面粗糙度要求，需在两钳口处垫上铜皮	正确装夹
4	选用三面刃铣刀，将铣刀安装在刀轴上，校正铣刀的径向和端面圆跳动误差	φ63×8×22 $Z=16$
5	选择合适的铣削用量，将主轴变速箱和进给变速箱上各手柄扳至所需位置	$v_f=75$ mm/min $n=95$ r/min
6	对刀调整：启动机床，操纵手柄，使铣刀与工件端面刚刚接触，在纵向刻度盘上做好记号，使工件先纵向后垂向退出，摇动纵向手柄，从刻度盘上的记号开始移过半个铣刀直径，重新做好记号；摇动垂向手柄，使铣刀与工件上母线刚刚接触，在垂向刻度盘上做好记号；操纵手柄，使铣刀侧刃与工件侧母线刚刚接触，操纵手柄，调整铣刀对准工件中心，紧固横向工作台；使工件先垂向后纵向退出	准确对刀
7	铣槽：启动机床，打开切削液开关，摇动垂向手柄，调整铣削深度，纵向机动进给完成铣削；操纵手柄，使工件先垂向后纵向退出；停机，关闭切削液开关，拆卸工件	正确操作
8	去毛刺，测量工件，如不符合要求，需重新铣削，直至满足图样要求	60 mm，(26±0.1)mm 对称度，Ra 3.2 μm

【任务检测与总结】

1. 任务检测与反馈

对铣削完成的开口式键槽进行检测评价，评分表如表 3-17 所示。

表 3-17　铣削开口式键槽评分表

铣床编号：　　　　　　姓名：　　　　　　学号：　　　　　　成绩：

序号	项目	检测项目	配分	评分标准	自评结果	互评结果	得分
1	槽宽	8 mm	10	超差不得分			
2		8 mm	10	超差不得分			
3	槽长	50 mm	10	超差不得分			
4		60 mm	10	超差不得分			
5	槽深	(26±0.1)mm	10	超差不得分			
6		(26±0.1)mm	10	超差不得分			
7	表面粗糙度	全部 Ra 3.2 μm	20	超差不得分			

序号	项目	检测项目	配分	评分标准	自评结果	互评结果	得分
8	对称度	0.15 mm	10	超差不得分			
9	安全文明生产		6	防止磨到手			
10	其他		4	根据现场扣分			

2. 任务总结

(1)任务注意事项。

①铣刀应进行试切，并注意校正铣刀的端面跳动，否则槽宽不合格。

②铣刀装夹应牢固，防止铣削时产生松动。

③工作中不使用的进给机构应紧固，工作完毕后松开。

④校正工件时不准用手锤直接敲击工件，以防止破坏工件表面。

⑤测量工件时应停止铣刀旋转。

⑥铣削中应及时清除切屑。

(2)任务完成情况小结(自评)。

【任务拓展练习】

拓展任务：按图3-59所示要求铣削开口式双键槽轴。

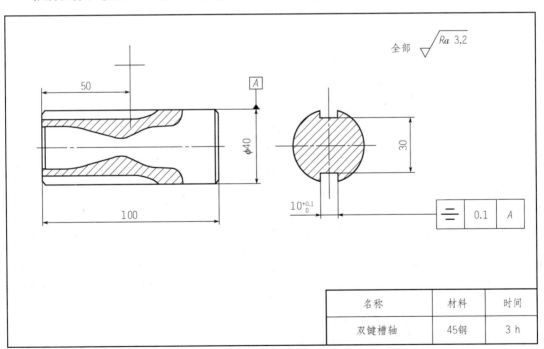

图3-59　开口式双键槽轴

拓展任务准备：三面刃铣刀、铣工常用工具、游标卡尺、百分表和磁性表座等。

任务二　铣封闭式键槽

🔧 任务要求

(1)掌握封闭式键槽的铣削方法。

(2)能够正确选择铣刀。

(3)掌握键槽的测量方法。

(4)学会分析键槽铣削时出现的质量问题。

🔧 任务分析

1. 任务图纸

按图 3-60 所示要求铣封闭式键槽。

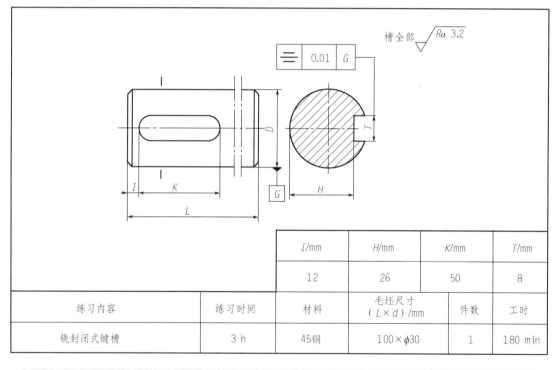

I/mm	H/mm	K/mm	T/mm
12	26	50	8

练习内容	练习时间	材料	毛坯尺寸 (L×d)/mm	件数	工时
铣封闭式键槽	3 h	45钢	100×φ30	1	180 min

图 3-60　铣封闭式键槽

2. 图纸分析

如图 3-60 所示，开口式键槽一般位于轴的中间，在加工时我们首先要考虑其在铣床上的装夹问题；其次，应考虑选用何种铣刀加工及加工时的具体步骤。

任务准备

(1)原材料准备：键槽铣刀。

(2)工具准备：铣工常用工具。

(3)量具准备：游标卡尺、百分表和磁性表座。

任务实施

(一)相关任务工艺

可用图 3-61(a)所示的抱钳装夹工件，也可用 V 形块装夹工件。

1. 用键槽铣刀铣封闭式键槽

铣封闭式键槽的深度由工作台升降进给手柄上的刻度来控制，宽度则由铣刀的直径来控制，长度是由工作台纵向进给手轮上的刻度来控制的，如图 3-61(a)所示。

用键槽铣刀铣封闭式键槽的操作方法是：先将工件垂直进给移向铣刀，采用一定的背吃刀量将工件纵向进给切至键槽的全长，再垂直进给吃刀，最后反向纵向进给，经多次反复直到完成键槽的加工，如图 3-61(b)所示。

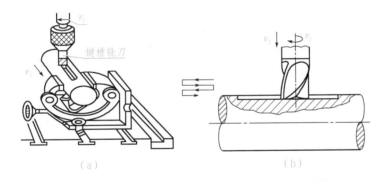

键槽铣刀

(a)　　　　　　　　　(b)

图 3-61　工件装夹及铣削

(a)抱钳装夹工件；(b)铣封闭式键槽

2. 用立铣刀铣封闭式键槽

考虑铣刀的端面齿是垂直的，吃刀困难，故而要先在封闭式键槽的一端圆弧处用相同半径的钻头钻一个孔，然后再用立铣刀铣削。

(二)任务操作步骤

封闭式键槽零件的铣削步骤如表 3-18 所示。

表 3-18 封闭式键槽零件的铣削步骤

步骤	操作内容	备注
1	认真阅读零件图,仔细检查毛坯尺寸,并计算加工余量	$100 \times \phi 30$
2	选用机用虎钳装夹工件,校正固定钳口与纵向进给方向平行,然后紧固	调整正确
3	将工件放在钳口内,垫上平行垫铁,夹紧,若有表面粗糙度要求,需在两钳口处垫上铜皮	正确装夹
4	选用键槽铣刀,选择弹簧夹头或快换铣夹头安装铣刀,校正铣刀的径向圆跳动误差	键槽铣刀 $\phi 8$,$Z=2$
5	选择合适的铣削余量,将主轴变速箱和进给变速箱上各手柄扳至所需位置	$v_f=150$ mm/min $n=750$ r/min
6	对刀调整:启动机床,操纵手柄,使铣刀周刃与工件侧母线刚刚接触,操纵手柄,调整铣刀使其对准工件中心,紧固横向工作台;操纵手柄,使铣刀底刃与工件上母线刚刚接触,在垂向刻度盘上做好记号,使工件先垂向后纵向退出;操纵垂向和纵向手柄,使铣刀与端面刚好接触,在纵向刻度盘上做好记号,使工件垂向退出;操纵纵向手柄,调整铣刀至正确位置,在纵向刻度盘上做好记号	准确对刀
7	铣槽:启动机床,打开切削液开关,摇动垂向手柄,使工件靠近铣刀至接触,继续摇动垂向手柄,铣削至所要求深度;摇动纵向手柄,完成铣削;操纵手柄,使工件先垂向后纵向退出;停机,关闭切削液开关,拆卸工件	正确操作
8	去毛刺,测量工件,如不符合要求,需重新铣削,直至满足图样要求	12 mm,50 mm,26 mm,8 mm,对称度,Ra 3.2 μm

【任务检测与总结】

1. 任务检测与反馈

对铣削完成后的键槽进行检测评价,评分表如表 3-19 所示。

表 3-19 铣削封闭式键槽评分表

铣床编号: 姓名: 学号: 成绩:

序号	项目	检测项目	配分	评分标准	自评结果	互评结果	得分
1	槽宽	8 mm	15	超差不得分			
2	槽长	50 mm	15	超差不得分			
3	槽深	26 mm	15	超差不得分			
4	边距	12 mm	15	超差不得分			
5	表面粗糙度	Ra 3.2 μm	20	超差不得分			
6	对称度	0.01 mm	10	超差不得分			
7	安全文明生产		6	根据现场扣分			
8	其他		4	酌情扣分			

2. 任务总结

(1)任务注意事项。

①铣刀装夹应牢固，防止铣削时产生松动。

②铣削时，深度不能过大，进给不能过快，否则会让刀。

③注意校正铣刀的径向圆跳动，否则会导致槽宽不合格。

④铣刀磨损后应及时刃磨和更换，以避免尺寸和表面粗糙度不合格。

⑤工作中不使用的进给机构应紧固，工作完毕后松开。

⑥校正工件时不准用手锤直接敲击工件，以防破坏工件表面。

⑦测量工件时应停止铣刀旋转。

⑧铣削中应及时清除切屑。

(2)任务完成情况小结(自评)。

【任务拓展练习】

拓展任务：铣削如图 3-62 所示封闭式双键槽轴。

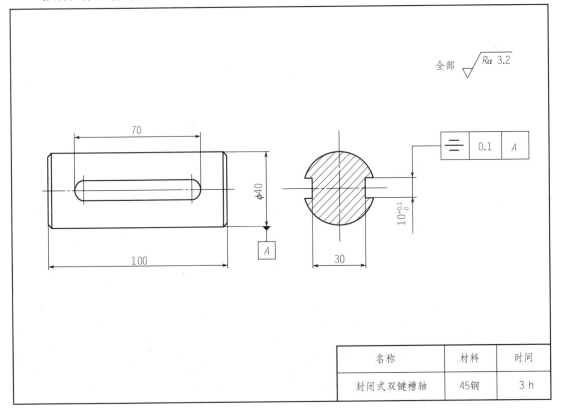

名称	材料	时间
封闭式双键槽轴	45钢	3 h

图 3-62　封闭式双键槽轴

拓展任务准备：键槽铣刀、铣工常用工具、游标卡尺、百分表和磁性表座等。

任务三 铣T形槽

任务要求

(1)掌握T形槽的铣削方法。

(2)能够正确选择铣T形槽的铣刀。

(3)学会分析铣削中出现的质量问题。

任务分析

1. 任务图纸

按图3-63所示要求铣T形槽。

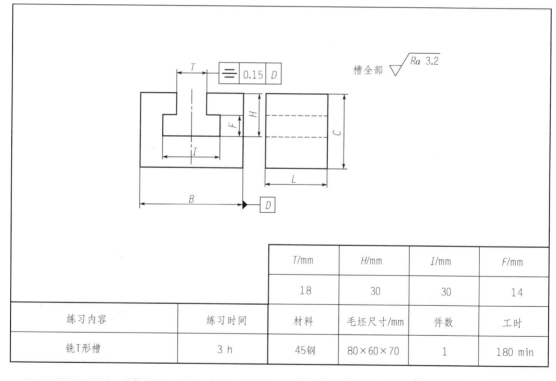

T/mm	H/mm	I/mm	F/mm
18	30	30	14

练习内容	练习时间	材料	毛坯尺寸/mm	件数	工时
铣T形槽	3 h	45钢	80×60×70	1	180 min

图 3-63 铣 T 形槽

2. 图纸分析

T形槽与键槽有何不同?加工时,首先要考虑工件在铣床上的装夹问题;其次,应考虑选用何种铣刀加工及加工时的具体步骤。

任务准备

(1)原材料准备：立铣刀、T形槽铣刀。

(2)工具准备：铣工常用工具。

(3)量具准备：游标卡尺。

任务实施

(一)相关任务工艺

铣T形槽的方法：

如图3-64所示，要加工T形槽，首先必须用三面刃铣刀或立铣刀铣出直角槽，然后再用T形槽铣刀铣出T形槽，最后用角度铣刀倒角。在T形槽的铣削过程中，排屑困难，所以尽量选取较小的切削用量，并加注充足的切削液。

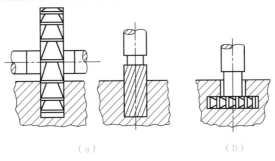

(a) (b)

图3-64　铣T形槽
(a)铣直角槽；(b)铣T形槽

(二)任务操作步骤

铣T形槽的操作步骤如表3-20所示。

表3-20　铣T形槽的操作步骤

步骤	操作内容	备注
1	认真阅读零件图，仔细检查毛坯尺寸并划出窄槽和T形槽的轮廓线	$60\times80\times70$
2	选用机用虎钳装夹工件，校正固定钳口，使其与纵向进给方向平行，然后紧固	调整正确
3	将工件放在钳口内预紧，校正工件上表面与工作台面平行，然后夹紧	正确装夹
4	选用立铣刀和T形槽铣刀，先将立铣刀用快换夹头安装在立铣头锥孔中	立铣刀 $\phi18$，$Z=3$ T形槽铣刀 $\phi30\times14$
5	选择合适的铣削余量，将主轴变速箱和进给变速箱上各手柄扳至所需位置	$v_f=75$ mm/min $n=300$ r/min

续表

步骤	操作内容	备注
6	对刀调整：调整工作台，使铣刀位于工件端面，目测铣刀在端面的中心位置；启动机床，摇动纵向手柄，切出刀痕；停机，使工件纵向退出，测量刀痕与工件两侧面距离是否相等，若不相等，调整横向工作台，再进行试切至相等，紧固横向工作台；启动机床，操纵手柄，使铣刀与工件刚好接触，在垂向刻度盘上做好记号，使工件先垂向后纵向退出	准确对刀
7	切直角沟槽：启动机床，摇动垂向手柄，使工作台上升 H；摇动纵向手柄，使工件靠近铣刀至接触，打开切削液开关，纵向机动进给切出直角沟槽；停机，关闭切削液开关，使工件先垂向后纵向退出	正确操作
8	切 T 形槽：换刀，调整切削用量；启动机床，操纵手柄，使 T 形槽铣刀的端面齿刃擦至槽底；摇动纵向工作台，使工件直角沟槽两侧同时接触铣刀，并切出刀痕，退出工件，测量槽深及两侧的对称度，若不符合要求，需调整工作台，试切至要求；继续手动进给，当铣刀一小部分进入工件后改为机动进给，同时打开切削液开关，铣出 T 形槽；停机，关闭切削液开关，拆卸工件	正确操作
9	去毛刺，测量工件，如不符合要求，需重新铣削，直至满足图样要求	30 mm，对称度，$Ra\ 3.2\ \mu m$

【任务检测与总结】

1. 任务检测与反馈

对铣削完成的槽进行检测评价，评分表如表 3-21 所示。

表 3-21　铣削 T 形槽评分表

铣床编号：　　　　　　姓名：　　　　　　学号：　　　　　　成绩：

序号	项目	检测项目	配分	评分标准	自评结果	互评结果	得分
1	槽宽	18 mm	15	超差不得分			
2	槽宽	30 mm	15	超差不得分			
3	槽深	14 mm	15	超差不得分			
4	槽深	30 mm	15	超差不得分			
5	表面粗糙度	全部 $Ra\ 3.2\ \mu m$	20	超差不得分			
6	对称度	0.01 mm	10	超差不得分			
7	安全文明生产		6	根据现场扣分			
8	其他		4	酌情扣分			

2. 任务总结

(1)任务注意事项。

①T 形槽铣刀切削时，应经常退出铣刀，清除切屑。因为刀具埋在工件里，切屑不易排出。

②T形槽铣刀切削时，应充分浇注切削液，使切削热散发出去。

③T形槽铣刀在切出工件时产生顺铣，会使工作台窜动而折断铣刀，左出刀时应改为手动缓慢进给。

④T形槽铣刀切削时，要用较小的进给量和较低的切削速度来改善不易排屑和散热问题。

(2)任务完成情况小结(自评)。

【任务拓展练习】

拓展任务：T形槽轴如图3-65所示。

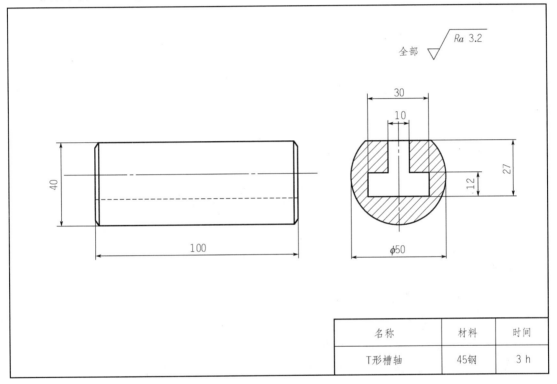

图3-65　T形槽轴

拓展任务准备：立铣刀、T形槽铣刀、铣工常用工具、游标卡尺、百分表和磁性表座等。

项目四

铣等分零件

项目导引

(1)了解 X6132 型卧式铣床各主要部件的名称和操作部分位置、功能。

(2)掌握 X6132 型卧式铣床各主要操作部分的操作步骤和方法。

(3)遵守操作规程，培养正确操作铣床的基本技能。

(4)学会铣削四方体。

任务一　万能分度头及其安装与调整

🔧 任务要求

(1)了解万能分度头的结构及功用。

(2)掌握分度的方法。

(3)掌握分度头的安装和调整方法，能够正确校正分度头。

(4)掌握利用分度头安装工件的方法。

🔧 任务分析

1. 任务图形

万能分度头的结构如图 3-66 所示。

2. 任务分析

首先要分析万能分度头的结构和原理，其次要学会使用万能分度头。

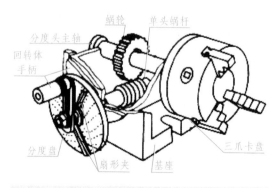

图 3-66　万能分度头的结构

任务准备

(1)设备准备：万能分度头、卧式铣床。

(2)工具准备：铣工常用工具。

任务实施

(一)相关任务工艺

1. 分度头的功用

(1)使工件绕本身的轴线进行分度(等分或不等分)。

(2)让工件的轴线相对铣床工作台面形成所需要的角度(水平、垂直或倾斜)，利用分度头卡盘在倾斜位置上装夹工件。

(3)可配合工作台的移动使工件连续旋转，以铣削螺旋槽或凸轮。

2. 分度头的结构

万能分度头的结构如图 3-66 所示。万能分度头的基座上装有回转体，分度头主轴可随回转体在垂直平面内做向上 90°和向下 10°范围内的转动。分度头主轴前端常装有三爪卡盘和顶尖。

进行分度操作时，需拔出定位销并转动手柄，通过齿数比为 1∶1 的直齿圆柱齿轮副传动带动蜗杆转动，又经齿数比为 1∶40 的蜗杆蜗轮副传动带动主轴旋转，即可完成分度，如图 3-67 所示。

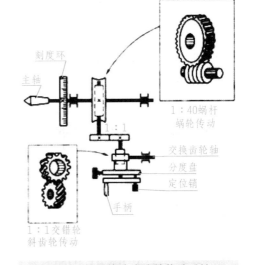

图 3-67　万能分度头的传动系统

3. 分度方法

使用分度头进行分度的方法很多，如简单分度法、直接分度法、角度分度法和差动分度法等，这里仅介绍最常用的简单分度法。

简单分度法的计算公式为 $n=40/z$。例如，铣削直齿圆柱齿轮，齿数 $z=36$，则每一次分度时手柄转过的转数为

$$n=\frac{40}{z}\text{转}=\frac{40}{36}\text{转}=1\frac{1}{9}\text{转}=1\frac{6}{54}\text{转}$$

就是说，每分一齿，手柄需转过一整转再转过 1/9 转，而这 1/9 转是通过分度盘来控制的。一般分度头备有两块分度盘，每块分度盘两面各有许多孔圈且各孔圈数均不等，但在同一孔圈上的孔距则是相等的。第一块分度盘正面各孔圈数为 24.25、28、30、34、37，反面为 38、39、41.42、43；第二块分度盘正面各孔圈数为 46、47、49、51、53、54，反面为 57、58、59、62、66。

简单分度时，分度盘固定不动，此时将分度手柄上的定位销拔出，调整到孔数为 9 的倍数的孔圈上，即孔圈数为 54 的孔圈上。分度时，手柄转过一转后，再沿孔数为 54 的孔圈转过 6 个孔间距，即可铣削第二个齿槽。

为了避免每次数孔的烦琐及确保手柄转过的孔距数可靠，可调整分度盘上的扇形夹 1 与 2 之间的夹角，使之等于欲分的孔间距数，这样依次进行分度时就可保证准确无误。分度盘如图 3-68 所示。

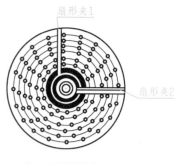

图 3-68　分度盘

(二)任务操作步骤

利用分度头装夹工件的方法通常有以下几种：

(1)用三爪卡盘和后顶尖装夹工件，如图 3-69(a)所示。

(2)用前后顶尖装夹工件，如图 3-69(b)所示。

(3)工件套装在心轴上，用螺母压紧，然后同心轴一起被顶持在分度头和后顶尖之间，如图 3-69(c)所示。

(4)工件套装在心轴上，心轴装夹在分度头的主轴锥孔内，并可按需要使主轴倾斜一定的角度，如图 3-69(d)所示。

(5)工件直接用三爪卡盘夹紧，并可按需要使主轴倾斜一定的角度，如图 3-50(e)所示。

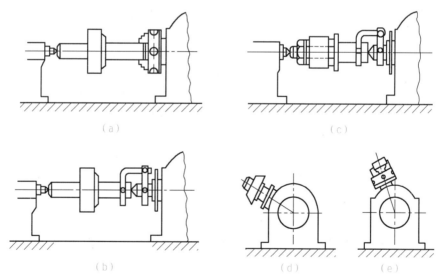

（a）　　　　　　　　　　　（c）

（b）　　　　　　　（d）　　　　（e）

图 3-69　用分度头装夹零件的方法
(a)一夹一顶装夹工件；(b)双顶尖装夹工件；(c)双顶尖装夹心轴；(d)心轴装夹；(e)卡盘装夹

(三)分度头的使用和维护保养

(1)所有装拆的部件均需擦拭干净，装拆必须按正确的步骤，不能硬装、硬拆。

(2)校正时，不得用锤子直接敲击标准心轴和分度头及尾座，所用百分表指针转动量不超过 0.2 mm。

（3）分度时，应先松开主轴锁紧手柄，加工螺旋面工件时不能锁紧主轴。

（4）要经常保持分度头的清洁，用完擦拭干净并上油，安放时要轻放垫稳，搬运时要防止跌坏，防止主轴锥孔碰毛。

（5）各润滑部位要定期加油，并检查油量是否在油标线内。

（6）严禁过载使用分度头。

【任务检测与总结】

1. 任务检测与反馈

对分度头的使用和工件装夹等进行检测评价，评分表如表 3-22 所示。

表 3-22　分度头的使用和工件装夹等的评分表

铣床编号：　　　　　姓名：　　　　　学号：　　　　　成绩：

序号	检测项目	配分	评分标准	自评结果	互评结果	得分
1	分度头的分度	20	超差不得分			
2	一夹一顶装夹工件	10	超差不得分			
3	双顶尖装夹工件	10	超差不得分			
4	双顶尖装夹心轴	10	超差不得分			
5	心轴分度头	15	超差不得分			
6	卡盘分度头	15	超差不得分			
7	分度头的维护保养	10	酌情扣分			
8	安全文明生产	6	根据现场扣分			
9	其他	4	酌情扣分			

2. 任务总结

(1)任务注意事项。

①分度的 n 为非整数时，要将分子和分母同时进行扩大和缩小。

②最后得到的分母值必须为分度盘上某孔圈的孔数。

③在分度头上夹持工件时，最好先锁紧分度头主轴。紧固时用力不宜过猛过大，切忌敲打工件。

④调整分度头主轴仰角时，切不可将基座上部靠近主轴前端的两个内六角螺钉松开，否则会使主轴位置的零位走动，严禁使用锤子等物敲打。

(2)任务完成情况小结(自评)。

【任务拓展练习】

拓展任务：分度头的安装与调整。

拓展任务准备：分度头、铣工常用工具、游标卡尺、百分表、磁性表座和卧式铣床等。

任务二 铣 四 方

任务要求

(1)掌握铣刀的选择、安装、对刀及工件的装夹、找正方法。

(2)进一步熟悉分度的计算方法，巩固分度定位销的调整方法。

(3)熟悉铣削时轴向、径向尺寸的控制方法。

(4)熟悉在卧式铣床上用分度头铣削四方的方法。

(5)能够合理选择铣削用量。

任务分析

1. 任务图形

利用分度头装置，铣削图 3-70 所示工件上两端的四方。

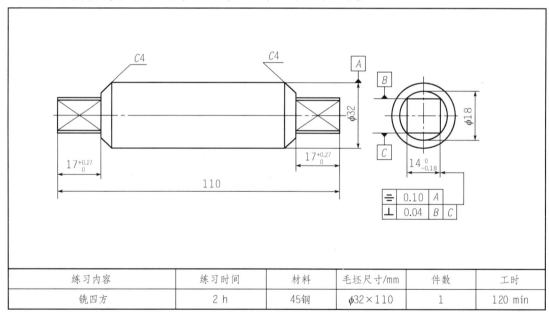

练习内容	练习时间	材料	毛坯尺寸/mm	件数	工时
铣四方	2 h	45钢	$\phi 32 \times 110$	1	120 min

图 3-70 铣四方

2. 任务分析

图 3-70 所示为四方的零件图，从图中可以看出，铣削两个端面的四方有对称度和垂直度的要求。

任务准备

(1)原材料准备：毛坯($\phi32\times110$)。

(2)工具、设备准备：万能分度头、铣工常用工具和卧式铣床等。

任务实施

(一)相关任务工艺

(1)加工四方时的分度计算及分度定位销的调整。根据简单分度公式计算分度：

$$n=\frac{40}{z}=\frac{40}{4}=10(\text{圈})$$

即每铣一次，分度手柄应转过 10 圈。

分度定位销调整时可选用 66 孔圈数的分度盘，将分度定位销调整到 66 孔圈位置上，因为是整转，可不必调整分度叉。

(2)加工六方时的分度计算及分度定位销的调整。根据简单分度公式计算分度：

$$n=\frac{40}{z}=\frac{40}{6}=6\frac{44}{66}(\text{圈})$$

即每铣一次，分度手柄应在 66 孔圈上转过 6 转又 44 个孔距。

分度定位销调整时可选用 66 孔圈数的分度盘，将分度定位销调整到 66 孔圈位置上，分度叉夹角间为 45 个孔。

(二)任务操作步骤

(1)工件的装夹与校正。将分度头水平安放在工作台中间 T 形槽偏右端，用三爪卡盘装夹工件，伸出 30 mm 长度，并找正工件，使其上素线与工作台面平行，侧素线与工作台的纵向进给方向平行，以保证铣出的工件外形和尺寸一致。工件伸出长度应尽量短，以减小切削振动，保证铣削时工件平稳，然后找正工件的外圆，使其圆跳动量在0.04 mm以内，夹紧工件，如图3-71所示。

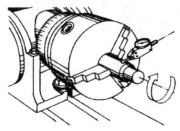

图 3-71 工件的装夹与找正

(2)调整分度起点。将分度手柄顺时针方向空摇数转后，将分度定位销插入 66 孔圈的分度孔中，并在该分度孔上做好记号，然后扳紧主轴锁紧手柄。

（3）在卧式铣床上选用 $\phi100\times12$ 的直齿三面刃铣刀，侧面对刀确定铣削深度。在工件侧面贴一张薄纸，开动机床，摇动纵向和垂向手柄，使铣刀处于铣削位置，然后缓慢摇动横向工作台，使薄纸刚好擦去，如图 3-72（a）所示，在横向刻度盘上做好记号，下降垂向工作台。根据横向刻度盘上的记号和深度加工要求，横向移动工作台调整铣削层的深度，如果加工要求高，可留 0.5 mm 的加工余量，如图 3-72（b）所示。

（4）端面对刀确定铣削长度。在工件端面贴一张薄纸，摇动纵向工作台，使工件离开铣刀，垂向上升到刀杆中心位置，开动机床，缓慢摇动纵向工作台，使铣刀刚好擦到薄纸，如图 3-72（c）所示，在纵向刻度盘上做好记号，下降垂向工作台。根据纵向刻度盘上的记号和长度加工要求，纵向移动工作台调整铣削长度，如果加工要求高，可留 0.5 mm 的加工余量，如图 3-72（d）所示。

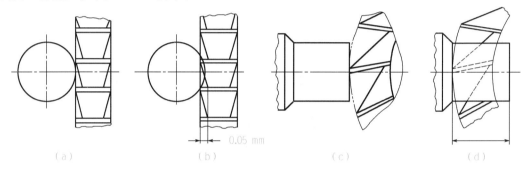

0.05 mm

（a）　　　　　（b）　　　　　（c）　　　　　（d）

图 3-72　三面刃铣刀铣四方的对刀步骤

（5）铣削。开动机床，$n=118$ r/min，以 $v_f=95$ mm/min，$a_p=(18-14)/2=2$ mm 垂向机动进给，并加注切削液。每铣好一面后，下降工作台，检测，保证尺寸 $14_{-0.18}^{0}$ mm 和 $17_{0}^{+0.027}$ mm 后，转过 $40/4=10$ 转，分度手柄摇 10 整转，依次铣完四个面，直至达到尺寸要求，如图 3-73 所示。

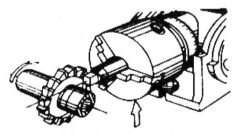

图 3-73　在铣床上用三面刃铣刀铣四方

（6）铣削。铣削好一端后，再掉头铣削另外一端。

【任务检测与总结】

1. 任务检测与反馈

对铣削完成的四方零件进行检测评价，评分表如表 3-23 所示。

表 3-23　铣削四方零件评分表

铣床编号：　　　　　　姓名：　　　　　　学号：　　　　　　成绩：

序号	检测项目	配分	评分标准	自评结果	互评结果	得分
1	分度头的分度	20	超差不得分			
2	三爪卡盘装夹工件	10	圆跳动超差不得分			
3	铣削第一面	15	尺寸超差不得分			
4	铣削第二面	15	尺寸超差不得分			
5	铣削第三面	15	尺寸超差不得分			
6	铣削第四面	15	尺寸超差不得分			
7	安全文明生产	6	根据现场扣分			
8	其他	4	酌情扣分			

2. 任务总结

(1)任务注意事项。

①在对刀调整好横向、纵向尺寸后，要将纵、横向工作台紧固。

②铣削时要锁紧分度头主轴。

③在卧式铣床上使用垂向进给时，必须集中注意力，以防铣刀铣及工作台、悬梁及三爪卡盘。

④快进时不能使工件与铣刀碰撞。

⑤主轴完全停止后才能测量工件与触摸工件表面。

⑥为保证加工要求，可先用废圆棒试铣。

⑦要注意分度头和铣刀刀轴、挂架之间的距离，防止加工中发生碰撞。

(2)任务完成情况小结(自评)。

【任务拓展练习】

拓展任务：铣削六面体。

拓展任务准备：分度头、铣工常用工具、游标卡尺、百分表和磁性表座等。

焊工实训

项目一

焊条电弧焊及操作

项目导引

(1)熟悉焊条电弧焊常用设备及工、量具。

(2)掌握平敷焊及焊接操作技术。

任务一 焊条电弧焊设备及工、量具的使用

🔧 任务要求

(1)熟悉焊条电弧焊常用设备及工、量具。

(2)能够正确安装电弧焊设备和调节电弧焊电流。

(3)学习正确选择焊接工艺参数。

🔧 任务分析

1. 任务细分

(1)熟悉焊接基本知识。

(2)熟悉焊接设备的型号。

(3)熟悉焊条的结构。

(4)熟悉焊接工具。

(5)掌握焊条电弧焊的接线方法。

(6)掌握选择焊接工艺参数的方法。

2. 任务分析

(1)温习巩固焊接理论知识,了解焊接的安全知识。

(2)学会选择交流弧焊机和直流弧焊机。

(3)熟悉焊条的选用方法,掌握焊条的使用方法。

(4)熟悉焊接的工、量具及检测方法。

（5）掌握弧焊机和焊条的接线方法。

（6）学会调节焊接电流。

任务准备

（1）工、量具准备：焊钳、面罩、焊条保温筒、敲渣锤、錾子、钢丝刷、手锤、钢丝钳、夹持钳、锉刀及焊缝检验尺等。

（2）设备及材料：交流弧焊机、直流弧焊机、焊条及钢板。

任务实施

一、焊条电弧焊

1. 焊接设备

（1）交流弧焊机（见图4-1）常用型号为BX1-315，其中"B"表示弧焊变压器；"X"表示下降外特性；"1"为系列品种序号；"315"表示弧焊机的额定焊接电流为315 A。

（2）直流弧焊机（见图4-2）常用型号为ZXG-315，其中"Z"表示弧焊整流器；"X"表示下降外特性；"G"表示弧焊器采用硅整流元件；"315"表示弧焊机的额定焊接电流为315 A。

图4-1 BX1-315 交流焊机实物

图4-2 ZXG-315 直流弧焊机实物

2. 焊条结构

焊条结构如图4-3所示。

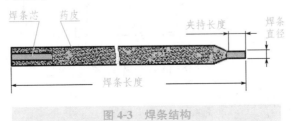

图4-3 焊条结构

二、焊条电弧焊工、量具的种类及功用

(1)焊条电弧焊的主要工具有焊钳(见图 4-4)、面罩(见图 4-5)和焊条保温筒(见图 4-6)。

图 4-4 焊钳

图 4-5 面罩

(a)手持式;(b)头盔式

图 4-6 焊条保温筒

①焊钳是夹持焊条并传导电流、进行焊接的工具。

②面罩是防止焊接时的飞溅、弧光和其他辐射对焊工面部和颈部损伤的一种遮盖工具。

③焊条保温筒是防止经烘烤后的焊条再次受潮的储存工具。

(2)常用的手工工具有清渣用的敲渣锤、錾子、钢丝刷、手锤、钢丝钳、夹持钳及锉刀等,如图 4-7 所示。

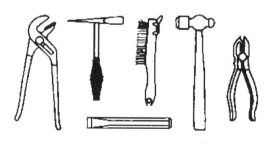

图 4-7 常用的手工工具

(3)焊缝检验尺(见图 4-18)。

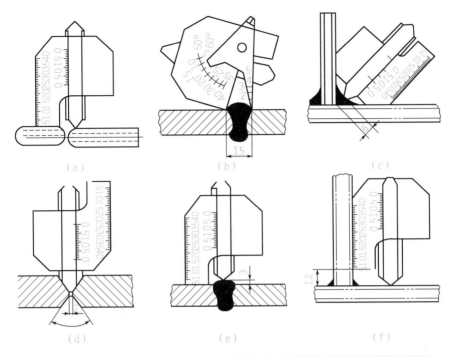

图 4-8 焊缝检验尺外形及测量示意图

(a)测量错边；(b)测量焊缝宽度；(c)测量角焊缝厚度；

(d)测量双 Y 形坡口角度；(e)测量焊缝余高；(f)测量角焊缝

三、焊条电弧焊的接线方法及焊接示意图

1. 正确安装弧焊设备

焊条电弧接线方法及焊条电弧焊接示意图分别如图 4-9、图 4-10 所示。

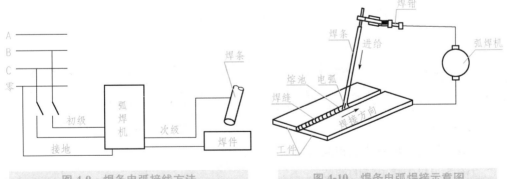

图 4-9 焊条电弧接线方法　　　　　**图 4-10 焊条电弧焊接示意图**

①弧焊电源与接入电网的正确安装。

②弧焊电源接地线的安装。

③弧焊电源输出回路的正确安装(弧焊整流器的"直流正接""直流反接")。

④弧焊电源安装后的检查验收。

2. 技术准备

根据表 4-1 对弧焊机参数做出正确选择。

表 4-1 弧焊机电源参数

弧焊机型号	应接入电网 电压/V	电源的最大 焊接电流/A	焊接电缆 截面积/mm²	焊钳型号	备注
BX3-315					
ZXG-315					

3. 操作步骤及要求

弧焊机连接的操作步骤及要求如表 4-2 所示。

表 4-2 弧焊机连接的操作步骤及要求

步骤	操作内容	操作要求	备注
1	弧焊机接入电网	确定接入电网电压，正确接线	
2	弧焊机的接地	正确接地	
3	弧焊机输出回路的安装	正确选择焊接电缆和焊钳；正确安装焊接电缆 与弧焊机；正确对直流弧焊机进行正接或反接	
4	弧焊机安装后的检查验收	空载电压、最小与最大焊接电流达到规定值	
5	焊接电缆与电缆铜接头的安装	接线安装牢固、可靠	
6	焊接电缆与焊钳的安装	接线牢固、可靠	
7	焊接电缆与地线接头安装	安装牢固、可靠	

四、调节弧焊设备焊接电流

（1）按表 4-3 指定要求，任选一种弧焊机调节焊接电流。

表 4-3 弧焊电源调节焊接电流

焊条直径/mm	焊接电流/A	运条方法	电弧长度/mm
3.2	100～120	直线形	3

（2）操作内容：

①交流弧焊机焊接电流的粗调节和细调节。

②直流弧焊机焊接电流的调节。

【任务检测与总结】

1. 任务检测与反馈

对弧焊机连接的操作步骤及电流调节进行检查评价，评分表如表 4-4 所示。

表 4-4　弧焊机连接及电流调节评分表

弧焊机编号：　　　　　　姓名：　　　　　　学号：　　　　　　成绩：

序号	检查项目	配分	评分标准	自评结果	互评结果	得分
1	弧焊机接入电网	10	规范、正确			
2	弧焊机的接地	10	规范、正确			
3	弧焊机输出回路的安装	10	规范、正确			
4	弧焊机安装后的检查验收	10	规范、正确			
5	焊接电缆与电缆铜接头的安装	10	规范、正确			
6	焊接电缆与焊钳的安装	10	规范、正确			
7	焊接电缆与地线接头安装	10	规范、正确			
8	弧焊机电流调节	15	正确			
9	安全文明生产	10	酌情扣分			
10	其他	5	清洁			

2. 任务总结

(1)任务注意事项。

①一定要正确执行焊条电弧焊的安全技术操作规程。

②注意防止触电、被弧光伤害、烫伤，保证设备安全。

③按照企业文明生产的规定，做到工作场地整洁，工件、工具摆放整齐。

(2)任务完成情况小结(自评)。

【任务拓展练习】

拓展任务：对交流弧焊机 BX3-500 及直流弧焊机 ZXG-500 进行接线及电流调节。

拓展任务准备：交流弧焊机 BX3-500、直流弧焊机 ZXG-500 及焊接工具等。

任务二　平敷焊及焊接操作技术

⚒ 任务要求

(1)掌握基本平敷焊蹲式操作姿势及握钳方法。

(2)能够正确运用焊接设备调节焊接电流。

(3)通过平敷焊操作熟悉引弧、运条的操作方法。

(4)正确掌握焊道的起头、连接及收尾等操作方法。

任务分析

了解平敷焊的特点，掌握蹲式操作姿势及握钳方法，熟悉引弧和运弧的技巧。

一、平敷焊的特点

平敷焊是平焊位置上堆敷焊道的一种操作方法，它是焊条电弧焊其他位置焊接操作的基础。在选定焊接工艺参数和操作方法的基础上，利用电弧电压、焊接速度控制熔池温度、熔池形状，从而完成焊缝焊接。

平敷焊是进行焊接技能训练时所必须掌握的一项基本技能，焊接技术易掌握，焊缝无烧穿、焊瘤等缺陷，易获得良好的焊缝质量。

二、常见的运条方法

常见的运条方法如图 4-11 所示。

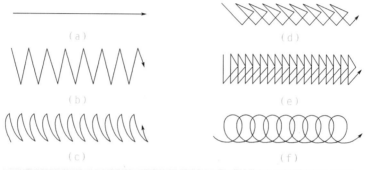

图 4-11 常见的运条方法
(a)直线形；(b)锯齿形；(c)月牙形；(d)斜三角形；(e)正三角形；(f)圆圈形

用直径为 3.2 mm 的焊条按焊接工艺参数，以焊缝位置线为运条轨迹，采用图 4-11 所示的运条方法，按要求进行平敷焊焊接技能操作练习。

三、焊道连接

焊条电弧焊时，由于受到焊条长度的限制或操作姿势变化的影响，不可能一根焊条完成一条焊缝，一般是在先焊的焊道弧坑前面约 10 mm 处引弧，拉长电弧缓慢移到原弧坑处，压低电弧，焊条再做微微转动，使弧坑填满。当新形成的熔池外缘与原弧坑外缘吻合时，立即向前移动，进行正常焊接，防止出现焊道前后两段连接的现象。由于焊条长度有限，不可能一次连续焊完较长焊缝，因此出现接头问题。这不仅是外观成形问题，还涉及焊缝的内部质量，所以要重视焊缝的接头问题。焊缝的接头形式分为以下四种。

(1)中间接头。这是用得最多的一种接头形式，接头时在前焊缝弧坑前约 10 mm 处引弧。电弧长度可稍大于正常焊接，然后将电弧拉到原弧坑 2/3 处，待填满弧坑后再向前转入正常焊接。此法适用于单层焊及多层多道焊的盖面层接头，如图 4-12(a)所示。

(2)相背接头。相背接头即两焊缝的起头相接。接头时要求前焊缝起头处略低些，在前焊缝起头前方引弧，并稍微拉长电弧运弧至起头处覆盖住前焊缝的起头，待焊平后再沿焊接方向移动，如图 4-12(b)所示。

(3)相向接头。接头时两焊缝的收尾相接，即后焊缝焊到前焊缝的收尾处，焊接速度略减慢些，填满前焊缝的弧坑后，再向前运弧，然后熄弧，如图 4-12(c)所示。

（4）分段退焊接头。接头时前焊缝起头和后焊缝收尾相接。接头形式与相向接头情况基本相同，只是前焊缝起头处应略低些，如图 4-12(d)所示。

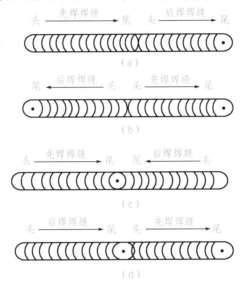

图 4-12　焊缝接头的四种情况
(a)中间接头；(b)相背接头；(c)相向接头；(d)分段退焊接头

四、焊缝的收尾

为了克服弧坑缺陷，就必须采用正确的收尾方法，一般常用的收尾方法有三种。

1. 划圈收尾法

焊条移至焊缝终点时，做圆圈运动，直到填满弧坑再拉断电弧。此法适用于厚板收尾，如图 4-13(a)所示。

2. 反复断弧收尾法

焊条移至焊缝终点时，在弧坑处反复熄弧，引弧数次，直到填满弧坑为止，如图 4-13(b)所示。此法一般适用于薄板和大电流焊接，不适用于碱性焊条。

3. 回焊收尾法

焊条移至焊缝收尾处即停住，并随着改变焊条角度回焊一小段，如图 4-13(c)所示。此法适用于碱性焊条。

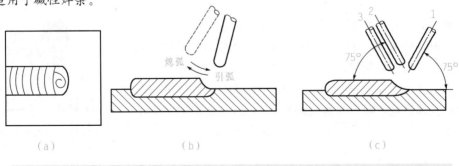

图 4-13　收尾法
(a)划圈收尾法；(b)反复断弧收尾法；(c)回焊收尾法

收尾方法的选用还应根据实际情况来确定，可单项使用，也可多项结合使用。无论选用何种方法，都必须将弧坑填满，达到无缺陷为止。

任务准备

（1）材料：Q235。

（2）尺寸：300 mm×200 mm×6 mm。

（3）焊条牌号：J422。

（4）焊接设备：ZX7-400 型直流逆变弧焊机。

（5）焊接工具及防护用品：电焊钳、焊接电缆线、面罩、敲渣锤、錾子、锉刀及钢丝刷等。

任务实施

一、焊接工艺参数的选择

（1）焊条直径。焊条直径的选择与工件的厚度、焊缝的空间位置和焊接层次等因素有关。根据学员初学情况练习平敷焊，并结合现场实际，选用 ϕ3.2 mm 焊条。

（2）焊接电流。焊接电流的大小主要取决于焊条直径和焊缝空间位置，其次是工件厚度、接头形式和焊接层次等。平敷焊直径 ϕ3.2 mm 的焊条选择焊接电流为 100～120 A。

二、操作步骤

1. 焊件清理

清除试件表面上的油污、锈蚀、水分及其他污物，直至露出金属光泽。

2. 划线

在试件上以 20 mm 间距用石笔（或粉笔）划出焊缝位置线。

3. 焊钳和面罩的握法

焊钳的握法分正握和反握，正握是指焊条向前，根据焊位的不同焊条角度不一样；反握是指焊条指向手背的方向，焊条角度要求与正握相同。

面罩的握法为左手握面罩，自然上提至内护目镜框与眼平行，向脸部靠近，面罩与鼻尖距离 10～20 mm 即可，如图 4-14 所示。

图 4-14　面罩的握法

4. 操作姿势——蹲姿

蹲式操作姿势要自然，两脚夹角为 70°～85°，距离为 240～260 mm。持焊钳的胳膊半伸开，并抬起一定的高度，悬空无依托地操作，如图 4-15 所示。

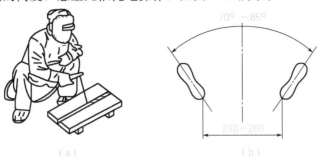

（a）　　　　　　　　　（b）

图 4-15　平焊的操作姿势

(a)蹲式操作姿势；(b)两脚的位置

5. 引弧练习

练习直击法和划擦法引弧。引弧时，首先将焊条末端与工件表面接触形成短路，然后迅速将焊条向上提起 2～4 mm 的距离，电弧即引燃。

1）引弧堆焊

首先在焊件的引弧位置用粉笔画直径为 13 mm 的一个圆，然后用直击法在圆圈内直击引弧。引弧后，保持适当的电弧长度，在圆圈内做划圈动作 2～3 次后灭弧。待熔化的金属凝固冷却后，再在其上面引弧堆焊，这样反复操作直到堆起高度为 50 mm 为止，如图 4-16 所示。

2）定点引弧

先在焊件上用粉笔划线，然后在直线的交点处用划擦法引弧，如图 4-17 所示。引弧后，焊成直径 13 mm 的焊点后灭弧。这样不断重复操作，完成若干个焊点的引弧训练。

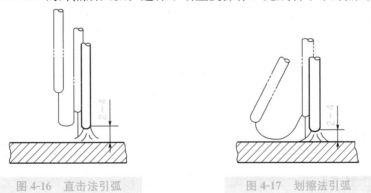

图 4-16　直击法引弧　　　　　　　　图 4-17　划擦法引弧

6. 焊缝的起头练习

焊道起头时，从距始焊点 10 mm 左右处引弧，这部分焊缝很容易增高，这是由于开始焊接时焊件温度低，引弧后不能迅速使这部分焊件金属的温度升高，因此熔深较浅，余高较大。为减少或避免这种情况，可在引燃电弧后先将电弧稍微拉长些，对焊件进行必要的预热，然后适当降低电弧长度转入正常焊接。重要的结构往往增加引弧板。

7. 焊接电流的调整

调试电流时，应根据以下三种情况判断电流大小，并进行适当调节。

（1）看飞溅。电流过大时，电弧吹力大，可看到较大颗粒的铁水向熔池外飞溅，焊接时爆裂声大；电流过小时，电弧吹力小，熔渣和铁水不易分清。

（2）看焊缝成形。电流过大时，熔深大，焊缝余高低，两侧易产生咬边；电流过小时，焊缝窄而高，熔深浅，且两侧与母材金属熔合不好；电流适中时，焊缝两侧与母材金属熔合得很好，呈圆滑过渡。

（3）看焊条熔化状况。电流过大时，当焊条熔化了大半截时，其余部分均已发红；电流过小时，电弧燃烧不稳定，焊条易粘在焊件上。

8. 焊缝的收尾练习

不断练习反复断弧收尾法、划圈收尾法及回焊收尾法。

9. 焊缝质量检测

（1）焊缝的起头和连接处平滑过渡，无局部过高现象，收尾处弧坑填满。

（2）焊缝表面焊波均匀、无明显未熔合和咬边，其咬边深度不大于 0.5 mm 为合格。

（3）焊缝边缘直线度在任意 300 mm 连续焊缝长度内不大于 3 mm。

（4）试件表面非焊道上不应有引弧痕迹。

【任务检测与总结】

1. 任务检测与反馈

对平敷焊的操作训练进行检查评价，评分表如表 4-5 所示。

表 4-5　平敷焊的操作训练评分表

弧焊机编号：　　　　　　姓名：　　　　　　学号：　　　　　　成绩：

序号	检查项目	配分	评分标准	自评结果	互评结果	得分
1	焊件清理	10	合格			
2	划线	10	规范、正确			
3	焊钳和面罩的握法	10	规范、正确			
4	操作姿势	5	规范、正确			
5	引弧训练	10	正确			
6	焊缝的起头	10	正确			
7	焊接电流的调整	10	正确			
8	焊缝的收尾练习	10	正确			
9	焊缝质量检测	10	合格			
10	安全文明生产	10	酌情扣分			
11	其他	5	清洁			

2. 任务总结

（1）任务注意事项。

①焊条一般有三个基本运动，即沿焊条中心线向熔池送进、沿焊接方向移动、焊条横向摆动。三个基本动作要协调、平稳、均匀。

②接头时应对前一道焊缝端部进行清理，必要时可对接头处进行修整，这样有利于保证接头的质量。

③注意焊接时电弧中断和焊接结束都会产生弧坑，常出现疏松、裂纹、气孔和夹渣等现象。

④引弧时，若焊条与工件出现粘连，应迅速使焊钳脱离焊条，以免烧损弧焊电源，待焊条冷却后，用手将焊条拿下。

⑤在实习场所周围应备有灭火器材。

(2)任务完成情况小结(自评)。

【任务拓展练习】

拓展任务：平敷焊操作训练。

拓展任务图纸：如图4-18所示，焊缝长300 mm、宽10 mm、余高0.5～2.0 mm、平直光滑无任何焊缝缺陷。

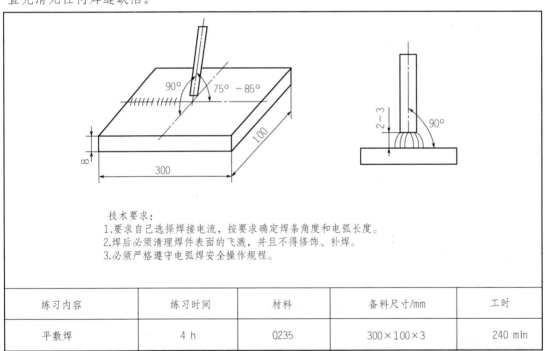

技术要求：
1.要求自己选择焊接电流，按要求确定焊条角度和电弧长度。
2.焊后必须清理焊件表面的飞溅，并且不得修饰、补焊。
3.必须严格遵守电弧焊安全操作规程。

练习内容	练习时间	材料	备料尺寸/mm	工时
平敷焊	4 h	Q235	300×100×3	240 min

图4-18　平敷焊练习图

任务拓展准备：按图样要求准备工件，选用焊条、弧焊设备，备齐敲渣锤、面罩、划线工具及个人劳保用品等。

项目二

平板对接平焊

项目导引

(1)掌握薄板 I 形坡口对接平焊。
(2)掌握低碳钢板 V 形坡口对接平焊。
(3)掌握低碳钢板 T 形接头平角焊。

任务一 薄板 I 形坡口对接平焊

任务要求

(1)掌握定位焊、I 形坡口对接平焊的操作要领和方法。
(2)学会应用焊条角度、电弧长度和焊接速度来调整焊缝高度和宽度。
(3)掌握提高焊缝质量的操作方法。

任务分析

对接平焊厚 4～6 mm、长宽 150 mm×40 mm 的两块钢板。焊缝余高 0.5～1.5 mm、宽 8～10 mm，焊缝表面无任何焊缝缺陷。练习时间 4 h。

任务准备

(1)材料：Q235；尺寸：300 mm×275 mm×6 mm；2 块。
(2)焊条牌号：J422。
(3)焊接设备：ZX7-400 型直流逆变弧焊机。
(4)焊接工具及防护用品：电焊钳、焊接电缆线、面罩、敲渣锤、錾子、锉刀和钢丝刷等。

任务实施

一、相关任务知识

1. 定位焊

定位焊指为装配和固定焊件接头的位置而进行的焊接，又称为点固焊。定位焊形成的短小而断续的焊缝叫定位焊缝。在整条焊缝焊接前，要先将被焊件的接缝和间隙固定下来，即在接缝处先要点焊几处，通过定位固定焊件装配的位置和间隙，防止焊接开始后受热产生较大的变形，这样能焊出均匀的焊缝，同时可以保证满足或接近施工图纸的要求。通常定位焊缝都比较短小，在焊接过程中必须焊透，定位焊点质量的好坏将直接影响正式焊缝的质量及焊件的变形，因此对定位焊必须引起足够的重视。定位焊缝的长度不宜过长，更不宜过高、过宽。定位焊缝的参考尺寸如表 4-6 所示。

表 4-6 定位焊缝的参考尺寸

焊件厚度/mm	定位焊缝长度/mm	定位焊缝间距/mm
<4	5～10	50～100
4～12	10～20	100～200
>12	≥30	200～300

直缝可以点固两端或依次顺序定位；管子直径小于 50 mm 的只需定位三点，起焊位置在中间；管子直径较大时，采用对称定位焊。

2. I 形坡口对接平焊

I 形坡口对接平焊是一种基本焊接方法，当板厚小于 6 mm 时，一般采用 I 形坡口对接平焊。

采用双面双道焊，焊接正面焊缝时，采用短弧焊，熔深为焊件厚度的 2/3，焊缝宽度为 5～8 mm，余高应小于 1.5 mm，如图 4-19 所示，焊接电流可大些。对接平焊的焊条角度要求如图 4-20 所示。

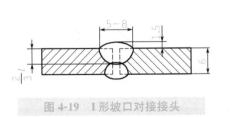

图 4-19 I 形坡口对接接头   图 4-20 对接平焊的焊条角度

3. I 形坡口对接平焊焊接参数

I 形坡口对接平焊焊接推荐用参数如表 4-7 所示。

表 4-7　I形坡口对接平焊焊接推荐用参数

焊缝横断面形式	焊件厚度/mm	第一层焊缝		其他各层焊缝		盖面焊缝	
		焊条直径/mm	焊接电流/A	焊条直径/mm	焊接电流/A	焊条直径/mm	焊接电流/A
	2	2	50～60	—	—	2	55～60
	2.5～3.5	3.2	80～110	—	—	3.2	85～120
	4～5	3.2	90～130	—	—	3.2	100～130
		4	16～200	—	—	4	160～210
		5	20～260	—	—	5	220～260

二、任务操作步骤

I形坡口对接平焊的操作步骤如表 4-8 所示。

表 4-8　I形坡口对接平焊的操作步骤

步骤	操作内容	说明	附图
1	备料	划线，用剪切或气割方法下料，清理钢板	
2	坡口准备	钢板厚 4～6 mm，可采用I形坡口双面焊，坡口正面和背面 20 mm 内要打磨光滑，接口平整	
3	焊前清理	清除铁锈、油污等	
4	装配	将两板水平放置，对齐，留 1～2 mm 间隙	
5	定位焊	离两端 20 mm 左右引弧，用焊条定位焊，固定两个工件的相对位置，定位焊后除渣。（如工件较长，可每隔 300 mm 左右定位一处。）	

续表

步骤	操作内容	说明	附图
6	焊接	1. 选择合适的焊接参数； 2. 先焊定位焊的反面，使熔深大于板厚的一半，焊后除渣； 3. 翻转工件，焊另一面，注意事项同上	
7	焊后清理	用钢丝刷等工具把焊件表面的焊渣、飞溅等清理干净	
8	检验	用外观方法检查焊缝质量，若有缺陷，应尽可能修补	

【任务检测与总结】

1. 任务检测与反馈

对Ⅰ形坡口对接平焊的操作进行检测评价，评分表如表 4-9 所示。

表 4-9 Ⅰ形坡口对接平焊的操作过程评分表

弧焊机编号：　　　　　姓名：　　　　　学号：　　　　　成绩：

序号	检测项目	配分	评分标准	自评结果	互评结果	得分
1	备料	10	酌情扣分			
2	坡口准备	10	酌情扣分			
3	焊前清理	10	酌情扣分			
4	装配	10	酌情扣分			
5	定位焊	10	酌情扣分			
6	焊接	15	酌情扣分			
7	焊后清理	10	酌情扣分			
8	检验	10	酌情扣分			
9	安全文明生产	10	酌情扣分			
10	其他	5	酌情扣分			

2. 任务总结

(1)任务注意事项。

①定位后必须尽快焊接，避免中途停顿或存放时间过长。

②焊接时要注意对熔池的观察，熔池的亮度反映熔池的温度，熔池的大小反映焊缝的宽窄。注意对熔渣和熔化金属的分辨。

③焊道起头、运条和收尾的方法要正确。

④焊接反面焊缝时，除重要结构外，不必清根，但要将正面焊缝和反面焊缝清除干

净，然后再焊接。

⑤为了延长弧焊电源的使用寿命，调节电流时应在空载状态下进行，调节极性时应在焊接电源未闭合状态下进行。

⑥焊后焊件应无引弧痕迹。

(2)任务完成情况小结(自评)。

【任务拓展练习】

拓展任务：任务拓展图如图 4-21 所示，进行 I 形坡口对接平焊下坡焊接。

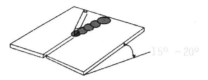

图 4-21 I 形坡口对接平焊下坡焊接

拓展任务准备：

(1)材料：Q235；尺寸：300 mm×275 mm×6 mm；2 块。

(2)焊条牌号：J422。

(3)焊接设备：ZX7-400 型直流逆变弧焊机。

(4)焊接工具及防护用品：电焊钳、焊接电缆线、面罩、敲渣锤、錾子、锉刀和钢丝刷等。

任务二　低碳钢板 V 形坡口对接平焊

任务要求

(1)熟悉焊接工艺参数的选择与调节。

(2)掌握控制焊缝熔池的方法及焊条角度、电弧长度的选用方法。

(3)学会处理焊接过程中出现的焊缝缺陷；掌握合理安排焊道，提高焊缝质量的技巧。

(4)掌握 V 形坡口对接平焊的操作方法。

任务分析

1.V 形坡口的对接平焊方法

当板厚超过 6 mm 时，由于电弧的热量较难深入 I 形坡口根部，必须开单 V 形坡口或双 V 形坡口，可采用多层焊或多层多道焊，如图 4-22、图 4-23 所示。

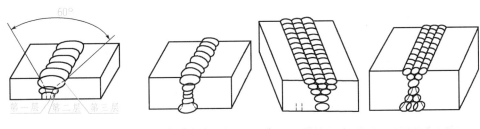

图 4-22　多层焊　　　　　　　图 4-23　多层多道焊

2. 多层焊

多层焊时，第一层应选用较小直径的焊条，运条方法应根据焊条直径与坡口间隙而定。可采用直线形运条法或锯齿形运条法，要注意边缘熔合的情况并避免焊件焊穿。

以后各层焊接时，应将前一层焊渣清除干净，然后选用直径较大的焊条和较大的焊接电流施焊，可采用锯齿形运条法，并应用短弧焊接。但每层不宜过厚，应注意在坡口两边稍停留，为防止产生熔合不良等缺陷，每层的焊缝接头需互相错开。另外，多层多道焊的焊接方法与多层焊接相似，焊接时，初学者应特别注意清除焊渣，以避免产生夹渣、未熔合等缺陷。

3. 单面焊双面成形技术

它是采用普通焊条，以特殊的操作方法，在坡口背面没有任何辅助的条件下，在坡口的正面进行焊接，焊后保证坡口的正反面都能得到均匀、整齐、成形良好、符合焊接质量要求的焊缝的操作方法。它是焊条电弧焊中难度较大的一种操作技术，适用于无法从背面清除焊根并重新进行焊接的重要焊件。一般是锅炉、压力容器焊工应该熟练掌握的操作技术。

4. V 形坡口对接平焊焊接参数选择（见表 4-10）

表 4-10　V 形坡口对接平焊焊接参数

焊缝横断面形式	焊件厚度/mm	第一层焊缝		其他各层焊缝		盖面焊缝	
		焊条直径/mm	焊接电流/A	焊条直径/mm	焊接电流/A	焊条直径/mm	焊接电流/A
	5～6	4	16～200	—	—	3.2	100～130
						4	180～210
	>6	4	16～200	4	16～210	4	180～210
				5	22～280	5	220～260
	≥12	4	16～210	4	16～210	—	—
				5	22～280	—	—

🔍 **任务准备**

（1）焊件材料：Q235。

（2）焊件尺寸：300 mm×200 mm×10 mm；坡口尺寸：60° V 形坡口。

（3）焊接要求：单面焊双面成形。

（4）焊接材料：J422 焊条，$\phi 3.2$ mm。

（5）焊接设备：ZX7-400 型直流逆变弧焊机。

任务实施

一、相关任务工艺

1. 焊接工艺参数选择

打底层：焊条直径 $\phi 3.2$ mm，焊接电流 75～110 A。根据实际情况而定。

填充层：焊条直径 $\phi 3.2$ mm，焊接电流 120 A 左右。

盖面层：焊条直径 $\phi 3.2$ mm，焊接电流 120 A 左右。

2. 焊接要点

单面焊双面成形指在焊件坡口一侧进行焊接而在焊缝正反面都能得到均匀整齐而无缺陷的焊道。其关键在于打底层焊接，主要包括三个主要环节：引弧、收弧、接头。

（1）打底层焊接。打底层焊接的方法有灭弧法和连弧法两种。初学者建议用灭弧法，比较容易掌握。

灭弧法又可分为两点击穿法和一点击穿法，主要依靠电弧时燃时灭的时间长短来控制熔池的温度、形状及填充金属的薄厚，以获得良好的背面成形和内部质量。

①引弧。在始端的定位焊处引弧，并略抬高电弧稍作预热，焊至定位焊缝尾部时，将焊条向下压一下，听到"噗噗"声后，立即灭弧。此时熔池前端应有熔孔，深入两侧母材 0.5～1.0 mm，当熔池边缘变成暗红，熔池中间仍处于熔融状态时，立即在熔池中间引燃电弧，焊条略向下轻微地压一下，形成熔池，打开熔孔后立即灭弧，这样反复击穿直到焊完。运条间距要均匀、准确，使电弧的 2/3 压住熔池，1/3 作用在熔池的前方，用来熔化和击穿坡口根部形成熔池。

②收弧。

③接头。采用热接法。

要求：每个熔滴都要准确送到欲焊位置，燃、灭弧节奏控制在 45～55 次/min。

（2）填充层焊接。填充层焊前应对前一层焊缝仔细清渣，特别是死角处更要清理干净。填充的运条手法为月牙形或锯齿形，焊条与焊接前进方向的角度为 40°～50°。

（3）盖面层焊接。采用直径为 4.0 mm 的焊条时，焊接电流应稍小一些；要使熔池形状和大小保持均匀一致，焊条与焊接方向夹角应保持 75°左右；采用月牙形运条法和 8 字形运条法；焊条摆动到坡口边缘时应稍作停顿，以免产生咬边。

二、任务操作步骤

（1）修磨焊件坡口钝边，清理焊件，修磨钝边 0.5～1.0 mm，无毛刺。

（2）按要求进行装配，保证装配间隙：始端为 3.2 mm，终端为 4.0 mm。错边量≤1.2 mm。

（3）预制反变形量为 θ，控制在 3°以内（见图 4-24）。

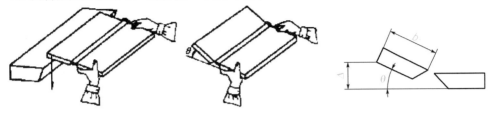

图 4-24　预制反变形量

（4）定位焊：采用 J422 焊条将装配好的焊件在距端部 20 mm 之内进行定位焊，焊缝长度为 10～15 mm。

（5）采用直径为 3.2 mm 的焊条进行打底焊。采用灭弧法。

（6）填充层各焊道焊接时，其焊缝接头应错开。

（7）盖面层焊接用直径为 4.0 mm 焊条，采用月牙形或 8 字形运条法运条，两侧稍作停留以防咬边。

（8）清理熔渣及飞溅物，并检查焊接质量，分析问题，总结经验。

【任务检测与总结】

1. 任务检测与反馈

对 V 形坡口对接平焊的操作过程进行检测评价，评分表如表 4-11 所示。

表 4-11　V 形坡口对接平焊的操作过程评分表

弧焊机编号：　　　　　　姓名：　　　　　　学号：　　　　　　成绩：

序号	检测项目	配分	评分标准	自评结果	互评结果	得分
1	坡口准备	10	酌情扣分			
2	装配	10	酌情扣分			
3	预制反变形量	10	酌情扣分			
4	定位焊	10	酌情扣分			
5	打底焊	10	酌情扣分			
6	焊接	15	酌情扣分			
7	焊后清理	10	酌情扣分			
8	检验	10	酌情扣分			
9	安全文明生产	10	酌情扣分			
10	其他	5	酌情扣分			

2. 任务总结

（1）任务注意事项。

①打底层焊接要采用正确的运条方法，熔敷金属的熔入量应适当，防止形成焊瘤或者未焊透等缺陷，以利于背面焊缝成形。摆动到两侧坡口处要稍作停留，保证两侧有一定的

熔深，并使填充焊道略向下凹。

②各填充层焊接时填充焊道应平整，无尖角和夹渣等缺陷，其焊缝接头应错开。

③打底击穿焊的电弧燃烧时间要适宜，熔孔大小、形状要一致，焊条角度要正确，保持短弧焊接。

④最后一层焊缝高度应低于母材 0.5～1.0 mm。要注意不能熔化坡口两侧的棱边，以便盖面时掌握焊缝的宽度。

⑤表面焊缝余高、熔宽应大致均匀，无咬边、夹渣等缺陷。

⑥在焊接每一层焊道的过程中，焊条角度要基本保持一致才能获得均匀的焊道波纹。

(2)任务完成情况小结(自评)。

【任务拓展练习】

拓展任务：任务拓展图如图 4-25 所示，进行 U 形坡口对接平焊下坡焊接。

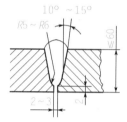

图 4-25 U 形坡口对接平焊下坡焊接

拓展任务准备：

(1)焊件材料：Q235。

(2)焊件尺寸：300 mm×200 mm×10 mm；坡口尺寸：60° V 形坡口。

(3)焊接要求：单面焊双面成形。

(4)焊接材料：J422 焊条，ϕ3.2 mm。

(5)焊接设备：ZX7-400 型直流逆变弧焊机。

(6)焊接工具及防护用品：电焊钳、焊接电缆线、面罩、敲渣锤、錾子、锉刀和钢丝刷等。

任务三 低碳钢板 T 形接头平角焊

⚒ 任务要求

(1)掌握 T 形接头平角焊接的操作方法。

(2)掌握焊接工艺参数的选择与调节。

(3)学会控制焊缝熔池的方法及焊条角度、电弧长度的选用。

🔧 任务分析

焊件尺寸及焊接要求：

工件材质：Q235；工件尺寸：150 mm×80 mm×12 mm；焊接位置：平焊；焊接材料：E4303，ϕ3.2 mm；练习时间：4 h。

🔍 任务准备

(1)选用 BX3-300 型弧焊变压器。

(2)检查焊条质量，烘干焊条，放在保温筒内随取随用。

(3)穿戴好防护用品，备齐工具。

🔍 任务实施

⚙ 一、T 形接头的平角焊

◎ 1. 焊接角度

T 形接头平角焊时，容易产生未焊透、焊偏、咬边及夹渣等缺陷，特别是立板容易咬边。为防止上述缺陷，焊接时除正确选择焊接参数外，还必须根据两板厚度调整焊条角度，电弧应偏向厚板一边，让两板受热均匀一致，如图 4-26 所示。

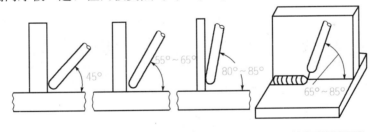

图 4-26　T 形接头平角焊接时的焊条角度

◎ 2. 焊接方法

(1)单层焊。当焊脚小于 6 mm 时，选用直径为 4 mm 的焊条，采用直线形或斜圆形运条法，焊接时采用短弧，防止产生焊偏及垂直板上咬边的现象。

(2)两层两道焊。焊脚为 6～10 mm 时，焊第一层时，选用直径为 3.2～4.0 mm 的焊条，采用直线形运条法，必须将顶角焊透，以后各层可选用直径为 4～5 mm 的焊条；采用斜圆形运条法，要防止产生焊偏及咬边等现象。

(3)多层多道焊。当焊脚大于 10 mm 时，可选用直径为 5 mm 的焊条，这样能提高生产效率。在焊接第一道焊缝时，应选用较大的电流，以得到较大的熔深；焊接第二道焊缝时，由于焊件温度升高，可选用较小的电流和较快的焊接速度，以防止垂直板产生咬边现象。

（4）船形焊。在实际生产中，当焊件能翻动时，尽可能把焊件放成平焊位置进行焊接，如图 4-27 所示。在平焊位置焊接既能避免产生咬边等缺陷，使焊缝平整美观，又能使用大直径焊条和较大的焊接电流并便于操作，从而提高生产效率。

（5）盖面焊。盖面焊前应将打底焊层清理干净。焊条角度如图 4-28 所示。焊盖面层下面的焊道时，电弧应对准打底焊道的下沿，直线运条。焊盖面层上面的焊道时，电弧应对准打底焊道的上沿，焊条稍微摆动，使熔池上沿与立板平滑过渡，熔池下沿与下面的焊道均匀过渡。焊接速度要均匀，以便形成表面较平滑且略带凹形的焊缝。如果要求焊脚较大，可适当摆动焊条，运条采用锯齿形或斜圆形法。

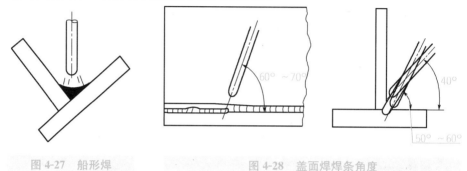

图 4-27　船形焊　　　　　　　图 4-28　盖面焊焊条角度

3. T 形接头平角焊的焊接参数

T 形接头平角焊的焊接参数如表 4-12 所示。

表 4-12　T 形接头平角焊的推荐焊接参数

焊缝横断面形式	焊件厚度或焊脚尺寸/mm	第一层焊缝		其他各层焊缝		盖面焊缝	
		焊条直径/mm	焊接电流/A	焊条直径/mm	焊接电流/A	焊条直径/mm	焊接电流/A
	2	2	55～65	—	—	—	—
	3	3.2	10～120	—	—	—	—
	4	3.2	10～120	—	—	—	—
		4	16～200	—	—	—	—
	5～6	4	16～200	—	—	—	—
		5	22～280	—	—	—	—
	≥7	4	16～200	5	220～280	—	—
		5	22～280				
		4	16～200	4	16～200	4	16～200
				5	22～280		

◉ 4. 焊接工艺参数

焊接工艺参数如表 4-13 所示。

表 4-13　焊接工艺参数

焊接层次	焊条直径/mm	焊接电流/A	电弧电压/V	焊接速度/(mm·min⁻¹)
打底焊	3.2	130～140	15～25	150～160
盖面焊	3.2	130～140	15～25	150～160

◉ 二、任务操作步骤

（1）将待焊区两侧 20 mm 范围内的铁锈、油污、氧化物等清理干净，使其露出金属光泽。

（2）采用碱性焊条时，焊前经 350 ℃～400 ℃烘 2 h；采用酸性焊条时，焊前经 100 ℃～150 ℃烘 2 h。

（3）定位焊缝位于 T 形接头的首尾两处，焊道分布为二层三道，如图 4-29 所示。

（4）打底焊。焊条直径为 3.2 mm，焊接电流为 130～140 A，焊条角度如图 4-30 所示。采用直线形运条法，压低电弧，必须保证顶角处焊透，电弧始终对准顶角。焊接过程中注意观察熔池，使熔池下沿与底板熔合好，熔池上沿与立板熔合好，使焊脚尺寸对称。

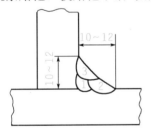

图 4-29　焊道示意图

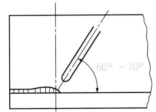

图 4-30　打底焊焊条角度

（5）盖面焊。盖面焊分下焊道和上焊道，先焊下焊道，下焊道覆盖第一层焊缝的 2/3 左右，焊条与水平板的角度为 50°～60°，与焊接方向的夹角仍为 60°～70°，焊缝与底板之间熔合良好，边缘整齐；上焊道覆盖下焊道的 1/3～1/2，焊条的落点在立板与根部焊道的夹角处，焊条与水平板的角度为 45°～50°，如图 4-31 所示。

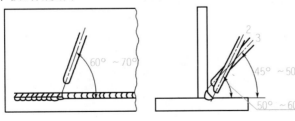

图 4-31　盖面焊的焊条角度

(6)焊后清理。

(7)质量检测。

【任务检测与总结】

1. 任务检测与反馈

对 T 形接头平角焊接的操作过程进行检测评价,评分表如表 4-14 所示。

表 4-14 T形接头平角焊接的操作过程评分表

弧焊机编号:　　　　　　　姓名:　　　　　　　学号:　　　　　　　成绩:

序号	检测项目	配分	评分标准	自评结果	互评结果	得分
1	坡口准备	10	酌情扣分			
2	装配	10	酌情扣分			
3	定位焊	15	酌情扣分			
4	打底焊	20	酌情扣分			
5	盖面焊	10	酌情扣分			
6	焊后清理	10	酌情扣分			
7	检验	10	酌情扣分			
8	安全文明生产	10	酌情扣分			
9	其他	5	酌情扣分			

2. 任务总结

(1)任务注意事项。

①操作姿势要正确。

②焊前装配焊件时,要考虑焊件焊后的变形,要采用一定量多大反变形或采用刚性固定法。

③焊缝局部咬边不应大于 0.5 mm。

④焊缝平整,焊波基本均匀,无焊瘤、塌陷、凹坑。

⑤多层焊道的焊渣,应最后一起清除。

⑥焊脚在平板和立板间的分布应对称并且要过渡圆滑。

(2)任务完成情况小结(自评)。

【任务拓展练习】

拓展任务:按图 4-32 所示要求进行板试件立角焊。

拓展任务准备:

(1)焊件材料:Q235。

(2)焊件尺寸:一块 300 mm×150 mm×12 mm,另外一块 300 mm×80 mm×12 mm。坡口形式如图 4-33 所示。

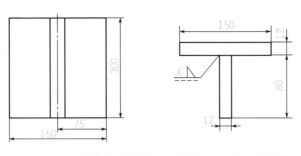

图 4-32　板试件立角焊

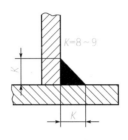

图 4-33　坡口形式

(3)焊接要求：角接接头焊后应保持垂直，角接焊缝截面为直角等腰三角形。

(4)焊接材料：J422 焊条，$\phi 3.2$ mm、$\phi 4.0$ mm；在 $100\ ℃ \sim 150\ ℃$ 烘干，保温 1.5 h。

(5)焊接设备：ZX7-400 型直流逆变弧焊机。

(6)焊接工具及防护用品：电焊钳、焊接电缆线、面罩、敲渣锤、錾子、锉刀和钢丝刷等。

刨工实训

项目一

牛头刨床的操纵、保养及调整

项目导引

(1)能够熟练操纵牛头刨床。

(2)能够对牛头刨床进行日常的维护保养。

(3)掌握牛头刨床的调整方法。

任务一　牛头刨床的操纵与保养

🔧 任务要求

(1)学会牛头刨床的启动、停止操作。

(2)能够熟练地进行牛头刨床的操作。

(3)能够对牛头刨床进行日常的维护保养。

🔧 任务分析

对牛头刨床的结构进行了解，熟练地对牛头刨床进行操作，并能够对牛头刨床进行日常的维护保养。

🔍 任务准备

(1)工具准备：油枪、润滑油。

(2)设备准备：B6050 型刨床。

任务实施

一、刨床的结构

B6050 型牛头刨床的结构如图 5-1 所示。

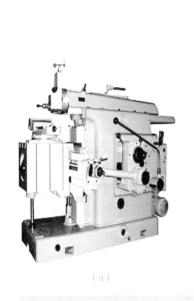
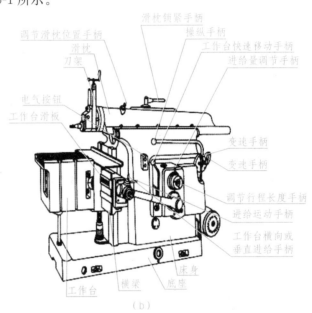

（a）   （b）

图 5-1　B6050 型牛头刨床
(a)外观图；(b)简化图

二、刨床的操作步骤

(1)牛头刨床的操作者应站在右侧，面向刨床，以便发生问题时及时切断电源。

(2)接通电源，按启动按钮启动机床，检查并调整滑枕行程长度和位置。

(3)调整工作台的高低位置，选择进给量的大小并确定进给方向。

(4)拉动手柄，机床开始工作。

(5)工作结束后，将滑枕与工作台移到中间位置，并将操纵手柄向里推，手柄置于空位后，切断电源使机床停止运动。

(6)熟悉刨床的电气开关。

三、牛头刨床的日常润滑和维护保养

为保证刨床的工作精度，延长其工作寿命，必须熟悉牛头刨床的润滑系统。按照润滑要求，能对牛头刨床各传动部位进行正确润滑和维护保养，掌握牛头刨床的日常保养知识，对刨床的零件进行调整维护。

(1)保证滑枕、镶条、各传动牙轮及挡油毛毡的清洁，并涂一层润滑油。

(2)检查刀架镶条、丝杠及螺帽是否松动及各操作手柄是否松动。

(3)离合器、皮带松紧度及刹车带的检查调整。

(4)检查油泵及各润滑油管的供油情况。

(5)电动机、机床内外各部分清洁，并加注润滑油。

【任务检测与总结】

1. 任务检测与反馈

对刨床操作和维护保养进行检查评价，评分表如表 5-1 所示。

表 5-1　刨床操纵和维护保养评分表

刨床编号：　　　　　　姓名：　　　　　　学号：　　　　　　成绩：

序号	检查项目	配分	评分标准	自评结果	互评结果	得分
1	刨床启动操作	10	规范、正确			
2	左右移动滑枕行程	10	规范、正确			
3	上下移动工作台高度	10	规范、正确			
4	选择进给量的大小并确定进给方向	10	规范、正确			
5	刨床电气开关熟悉程度	10	正确			
6	工作结束过程检查	10	规范、正确			
7	刨床的润滑	10	正确			
8	刨床的维护保养	15	正确			
9	安全文明生产	10	酌情扣分			
10	其他	5	清洁			

2. 任务总结

(1)任务注意事项。

①开机前检查交接班记录。

②经常观察润滑系统的工作是否正常，如有异常，立即停机检查，以免造成事故。

③经常检查各部件是否松动，若松动及时拧紧。

④夏季采用黏度稍高的润滑油，冬季采用黏度稍低的润滑油。

⑤机床每运转 600 h 进行一次一级保养。

⑥一级保养一般以操作者为主，维修工协助进行。

(2)任务完成情况小结(自评)。

【任务拓展练习】

拓展任务：对 B6050 型刨床进行一级保养。

(1)刨床运转 600 h 进行一级保养。

(2)刨床表面的擦洗、修光。

（3）配齐缺损的螺钉、螺母、手柄、手球和标牌。

（4）检查变速传动系统及紧固件是否正常。

（5）检查调整刀架、走刀箱的丝杠与螺母间隙、斜垫铁与导轨间隙、刀架与锥销间隙。

（6）检查调整操作手柄挡位是否正确。

（7）清洗油路，更换油杯、油毡、油绳、滤油器等，加注润滑油，保证油路畅通。

（8）擦拭电动机、电器箱，检查紧固连接头。

拓展任务准备：B6050 型刨床、30 号机械油、煤油、毛刷、棉布、油枪、油盘、润滑脂、压板、一字批、内六角扳手、17～19 呆扳手、12″活络扳手、V 形架、螺丝撑、千斤顶和平口钳等刨工常用工具。

任务二　　牛头刨床的调整

🔧 任务要求

（1）熟悉刨床的各种手柄及电气开关。

（2）熟悉刨床的传动路线。

（3）能够较熟练地进行牛头刨床的调整。

🔧 任务分析

（1）对照刨床的外观图，熟悉各开关和按钮及其功用。

（2）仔细分析刨床的运动路线，刨床有滑枕和工作台两个运动路线。

（3）了解刨床调整的内容及调整方法。

🔍 任务准备

（1）常用工具：压板、压紧螺栓、平行垫块、斜垫铁、支撑板、挡铁、阶梯垫铁、V 形架、螺丝撑、千斤顶、平口钳、一字批、内六角扳手、17～19 呆扳手、12″活络扳手和刨刀。

（2）润滑工具及润滑油：润滑油枪和润滑油。

（3）设备准备：B6050 型刨床。

🔍 任务实施

（1）熟悉刨床的外观手柄和按钮，了解其功用，如图 5-1 所示。

（2）熟悉牛头刨床的运动路线，如图 5-2 所示。

①电动机→V 带传动机构→齿轮变速机构→斜齿轮传动机构→摆杆机构→滑枕。

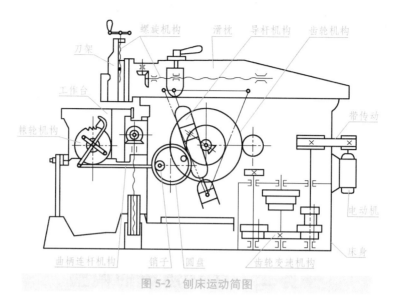

图 5-2 刨床运动简图

②电动机→V带传动机构→齿轮变速机构→斜齿轮传动机构→连杆机构→棘轮机构→螺旋机构→工作台。

(3)B6050 型刨床的调整。

①调整刀架。先停机,松开抬刀板座上的紧固螺母,抬刀板座绕环形槽偏转±15°,调整后拧紧螺母;松开刀架上的紧固螺母,刀架绕转盘偏转±60°,调整后拧紧螺母。

②调整滑枕行程长度。先停机,松开滚花压紧螺母,用摇手摇动方头,顺时针转动,行程长度增大;反之,则缩短。开机,将变速手柄向外拉,用摇手转动机床右侧下端的方头,使滑枕往复运动,观察长度是否合适,调整好后再拧紧螺母。

③调整滑枕起始位置。松开紧固手柄,用摇手摇动方头,顺时针转动使滑枕向后;反之,则向前。调整好后,拧紧紧固手柄,开机检查。

④调整滑枕移动速度。先停机,推、拉变速手柄到合适位置;如手柄不能到位,则点动控制机床。

⑤调整工作台高低位置。先停机,将支撑柱的紧固螺钉松开,进给换向手柄向右偏转,工作台横向或垂向进给,转换手柄置于空挡位置处,用曲柄摇手顺时针或逆时针摇动进给方头,控制工件顶面与滑枕导轨底面的距离,再将紧固螺钉拧紧。

⑥调整工作台的进给方向。逆时针扳转工作台横向或垂直进给手柄,将进给运动手柄顺时针放置,则实现机动横向向右运动;将手柄逆时针放置,则向左机动进给;工作台横向或垂直进给手柄逆时针放置,进给运动手柄放置于空挡位置,用摇手顺时针摇动方头,则实现手动横向向右运动;逆时针摇动则向左运动;工作台横向或垂直进给手柄逆时针放置,将快移操纵手柄向外拉,调整进给运动手柄的位置,实现快速横向向左、向后运动;保持滑枕锁紧手柄位置向外,顺时针扳动工作台横向或垂直进给手柄,调整进给运动手柄的位置,实现快速向上、向下运动;将操纵手柄向内压,进给运动手柄处于空挡位置,用摇手摇动方头,实现手动垂直向上、向下运动;操纵手柄向内,调整进给运动手柄,实现机动垂直向上、向下运动。

⑦调整进给量的大小。顺时针扳转进给量调节手柄,从 1~16 级中选择适当的进给量。

【任务检测与总结】

1. 任务检测与反馈

对刨床的调整进行检查评价，评分表如表5-2所示。

表5-2　刨床的调整评分表

刨床编号：　　　　　　姓名：　　　　　　　学号：　　　　　　　成绩：

序号	检查项目	配分	评分标准	自评结果	互评结果	得分
1	刨床手柄按钮操作	10	规范、正确			
2	刨床运动路线分析	10	正确			
3	刀架调整	10	规范、正确			
4	滑枕行程长度调整	10	规范、正确			
5	滑枕起始位置调整	10	正确			
6	滑枕移动速度调整	10	规范、正确			
7	工作台高低调整	10	正确			
8	工作台进给方向调整	15	正确			
9	安全文明生产	10	酌情扣分			
10	其他	5	清洁			

2. 任务总结

(1)任务注意事项。

①开机前，检查交接班记录。

②观察润滑系统工作是否正常，如有异常，立即停机检查，以免造成事故。

③在调整滑枕行程长度时，注意滑枕不要与床身相撞。

④快速移动时滑枕必须停止，快移到极限位置时改为手动。

⑤必须先停机后变速。

(2)任务完成情况小结(自评)。

【任务拓展练习】

拓展任务：对B650、B6063、B6066、B6065A、B6066等不同规格的刨床进行调整。

(1)调整刀架。

(2)调整滑枕行程长度。

(3)调整滑枕起始位置。

(4)调整滑枕移动速度。

(5)调整工作台高低位置。

(6)调整工作台进给方向。

(7)调整进给量的大小。

拓展任务准备：B6050型刨床、30号机械油、煤油、毛刷、棉布、油枪、油盘、润滑脂、压板、一字批、内六角扳手、17～19呆扳手、12″活络扳手、V形架、螺丝撑、千斤顶和平口钳等刨工常用工具。

项目二

刨平面、垂直面和台阶面

项目导引

(1)能够正确刃磨刨刀。
(2)能够熟练安装刨刀。
(3)学会刨削平面、垂直面和台阶面。
(4)学会进行角度和平面尺寸的测量。

任务一 刨平面及平行面

任务要求

(1)掌握平面刨刀刃磨的一般方法和技巧。
(2)掌握平面刨刀角度的测量。
(3)掌握平面刨刀的安装方法。
(4)掌握控制刨削量大小的方法。
(5)能够用手动和机动进给方式刨削平面。

任务分析

一、平面刨刀的刃磨

1. 任务图

按图5-3所示要求刃磨刨刀。

2. 分析

(1)刨刀刃磨的重要性。
(2)刨刀刃磨的角度。
(3)刨刀刃磨的具体要求。
(4)刨刀刃磨的方法步骤。

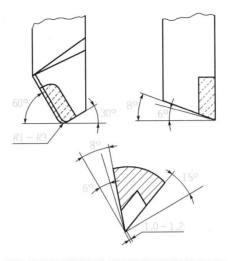

图 5-3　尖头刨刀几何形状

二、刨平面及平行面

1. 任务图纸

按图 5-4 所示要求进行加工。

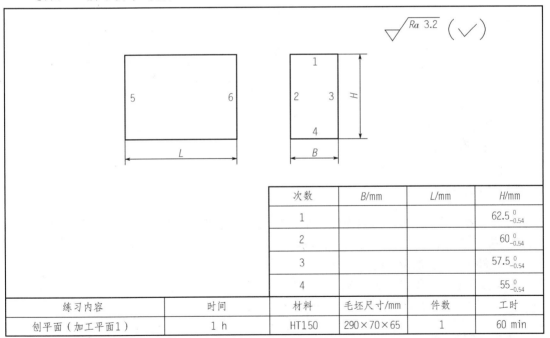

次数	B/mm	L/mm	H/mm
1			$62.5^{0}_{-0.54}$
2			$60^{0}_{-0.54}$
3			$57.5^{0}_{-0.54}$
4			$55^{0}_{-0.54}$

练习内容	时间	材料	毛坯尺寸/mm	件数	工时
刨平面（加工平面1）	1 h	HT150	290×70×65	1	60 min

图 5-4　刨平面

在 B6050 型刨床上刨削加工图 5-5 所示零件平行面及相关平面。

2. 图纸分析

(1)刨刀和工件装夹有什么要求？

(2)如何选择切削用量？

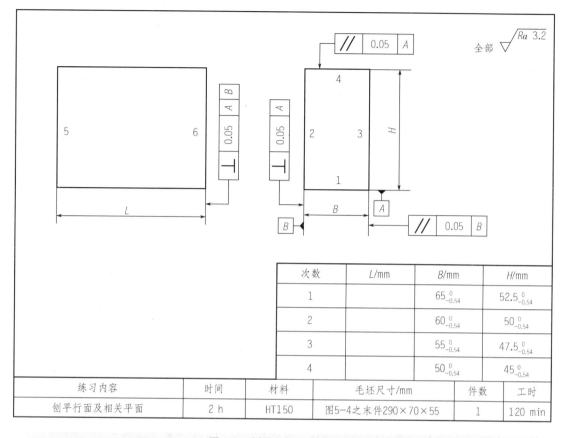

图 5-5　刨平行面及相关平面

次数	L/mm	B/mm	H/mm
1		$65_{-0.54}^{0}$	$52.5_{-0.54}^{0}$
2		$60_{-0.54}^{0}$	$50_{-0.54}^{0}$
3		$55_{-0.54}^{0}$	$47.5_{-0.54}^{0}$
4		$50_{-0.54}^{0}$	$45_{-0.54}^{0}$

练习内容	时间	材料	毛坯尺寸/mm	件数	工时
刨平行面及相关平面	2 h	HT150	图5-4之末件290×70×55	1	120 min

(3)精、粗刨削要求是什么?

(4)如何进行测量?

🔍 任务准备

(1)常用工具:压板、压紧螺栓、平行垫块、斜垫铁、支撑板、挡铁、阶梯垫铁、V形架、螺丝撑、千斤顶、平口钳、内六角扳手、17~19呆扳手、12″活络扳手和刨刀。

(2)润滑工具:润滑油枪和润滑油。

(3)设备准备:B6050 型刨床。

🔍 任务实施

⚙ 一、平面刨刀的刃磨

平面刨刀一般有尖头、圆头和平头三种。常用 YG8 硬质合金 60°尖头刨刀的几何形状如图 5-3 所示。刨刀刃磨时,一般是左手握住刀杆前部,右手握住刀杆后部,站在砂轮右前侧，将刨刀靠到砂轮圆周面上。刃磨刨刀的具体步骤如下：

（1）刃磨后刀面。将刀杆中心线与砂轮圆周面成30°，同时刀头稍向上抬起8°，双手向前用力，并左右移动，磨出主偏角和后角。

（2）刃磨副后刀面。将刀杆中心线与砂轮圆周面的横向成60°，刀头稍向上抬起，双手向前用力，并左右移动，磨出副偏角、副后角及刀尖角。

（3）刃磨前刀面。将前刀面靠向砂轮，刀头前端抬起30°，使主切削刃呈水平状态，再将刀杆的上侧向外倾斜15°，使下侧先接触砂轮，慢慢磨至与主切削刃相接，磨出前角为15°。

（4）刃磨刀尖圆弧。将刀尖靠向砂轮，左手左右摆动刀杆后端，向前用力要轻，磨出刀尖圆弧。一般刀尖圆弧半径为1～3 mm。

（5）检验。用样板或万能角度尺检查后角与楔角，若符合要求，则前角也正确。检查主切削刃是否有缺损，如有缺损，则重磨，保持主切削刃锋利。

二、平面刨刀的安装

（1）将刨刀装在夹刀座内，安装时抬刀扳座和刀架应处于中间垂直位置，如图5-6所示。

（2）刨刀不能伸出过长，一般为刀杆厚度的1.5～2.0倍，弯头刨刀的伸出长度以弯曲部分不碰抬刀板为宜，如图5-7所示。

（3）装卸刨刀时，左手握住刨刀，右手握住扳手。握扳手位置要适当，用力方向必须由上而下或倾斜卸下扳螺钉，将刨刀压紧或放松。用力方向不能由下而上，以免因抬刀板座翻起和扳手滑落而碰伤或压伤手指，如图5-8所示。

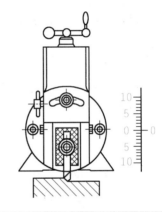

图5-6　安装刨刀时刀架、
抬刀板座和刨刀的位置

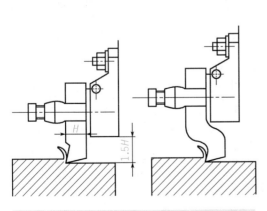

图5-7　刨刀伸出长度

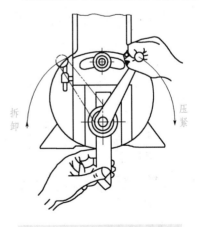

图5-8　刨刀的装卸

三、工件的安装

在刨床上，零件的安装方法视零件的形状和尺寸而定。常用的有平口钳安装、压板螺栓装夹、角铁装夹及专用夹具安装等。装夹零件的方法与铣削时相同，可参照铣床中零件的安装方法。

刨削如图 5-4、图 5-5 所示平行面及相关平面，操作步骤如下：

(1)检查毛坯尺寸并划线。

(2)装夹工件。

(3)选择刨刀并安装刨刀。

(4)调整滑枕的行程长度，应比刨削表面的长度长 30～40 mm。

(5)调整工作台的高度，对刀，使刀尖轻微接触零件表面。

(6)合理选择粗刨切削用量：$a_p=2$mm，$v_f=0.67$ mm/双行程，$v_c=24$ m/min。

(7)试刨。先用手动试刨，进给 $1.0～1.5$ mm 后停车，测量尺寸，调整 a_p，再自动进给粗刨平面 1，留 0.5 mm 精加工余量。

(8)精刨平面 1，留 0.5 mm 余量，换刀，重新选择切削用量：$a_p=0.5$ mm，$v_f=0.33$ mm/双行程，$v_c=32$ m/min，保证 $H=0～0.54$ mm，表面粗糙度 Ra 3.2 μm。

(9)去毛刺。

(10)重新划线加工 2、3、4 面，粗刨留余量，精刨保证尺寸和表面粗糙度要求，具体要求见图 5-5 中 B、H。

【任务检测与总结】

1. 任务检测与反馈

对平行面及相关平面的刨削进行检查评价，评分表如表 5-3 所示。

表 5-3 刨平行面及相关平面评分表

刨床编号： 姓名： 学号： 成绩：

序号	检查项目	配分	评分标准	自评结果	互评结果	得分
1	划线、装夹工件	10	正确			
2	装刀、对刀、试刀	10	正确			
3	滑枕行程长度调整	10	规范、正确			
4	平面1加工	10	正确			
5	平面2加工	10	正确			
6	平面3加工	10	正确			
7	平面4加工	10	正确			
8	测量	15	规范、正确			
9	安全文明生产	10	酌情扣分			
10	其他	5	清洁			

2．任务总结

(1)任务注意事项。

①操作前检查机床运转是否正常，润滑是否正常。

②平口钳装夹工件，工件表面应高出钳口，装夹毛坯面时加护铜皮。

③用工件侧面定位时，用圆棒夹紧工件后，再用锤子敲击工件，保证工件与固定钳贴紧。

④用工件底面定位时，保证底面与垫铁贴实。

⑤对刀和试切时，注意距离和速度，防止产生过切现象。

⑥对刀和试刨时，注意距离和速度，操作时注意力要集中，防止崩刃。

⑦检验时，将工件摇向一边进行测量，合格后再取下工件。

⑧加工结束后，及时清理平口钳和工作台，整理工具、量具。

(2)任务完成情况小结(自评)。

【任务拓展练习】

拓展任务：刃磨圆头平面刨刀。

拓展任务准备：圆头刨刀、砂轮机一台。

任务二　刨垂直面及台阶面

🔧 任务要求

(1)进一步熟悉刀具的选择、安装和刨床的调整方法。

(2)掌握偏刀刃磨和安装的方法。

(3)进一步熟悉合理选用切削用量和划线的技巧。

(4)掌握用平口钳装夹工件及刨削垂直面的方法。

(5)掌握刨削台阶面的方法和步骤。

(6)掌握垂直面、台阶面的检测方法。

🔧 任务分析

一、偏刀的刃磨

1．任务图

按图5-9所示要求刃磨刨刀。

2．分析

(1)偏刀刃磨的重要性。

(2)偏刀刃磨的角度。

(3)偏刀刃磨的具体要求。

(4)偏刀刃磨的方法步骤。

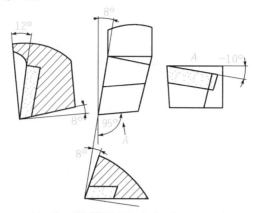

图 5-9　台阶偏刀的几何形状

二、刨垂直面及台阶面

1. 任务图纸

按图 5-10 和图 5-11 所示要求刨削垂直面及台阶面。

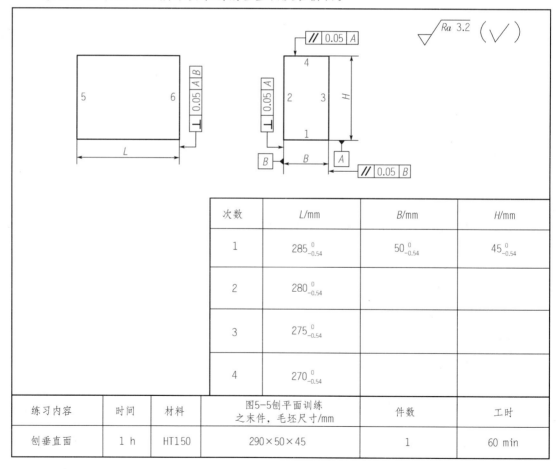

次数	L/mm	B/mm	H/mm
1	$285_{-0.54}^{0}$	$50_{-0.54}^{0}$	$45_{-0.54}^{0}$
2	$280_{-0.54}^{0}$		
3	$275_{-0.54}^{0}$		
4	$270_{-0.54}^{0}$		

练习内容	时间	材料	图5-5刨平面训练 之末件，毛坯尺寸/mm	件数	工时
刨垂直面	1 h	HT150	290×50×45	1	60 min

图 5-10　刨垂直面

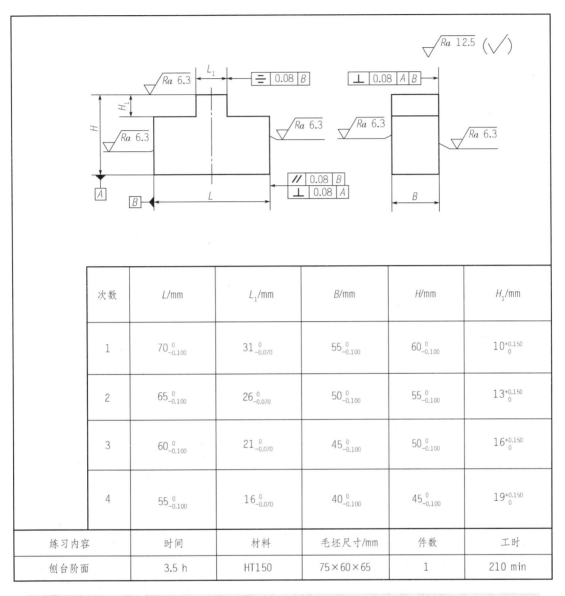

图 5-11 刨台阶面

次数	L/mm	L_1/mm	B/mm	H/mm	H_1/mm
1	$70_{-0.100}^{0}$	$31_{-0.070}^{0}$	$55_{-0.100}^{0}$	$60_{-0.100}^{0}$	$10_{0}^{+0.150}$
2	$65_{-0.100}^{0}$	$26_{-0.070}^{0}$	$50_{-0.100}^{0}$	$55_{-0.100}^{0}$	$13_{0}^{+0.150}$
3	$60_{-0.100}^{0}$	$21_{-0.070}^{0}$	$45_{-0.100}^{0}$	$50_{-0.100}^{0}$	$16_{0}^{+0.150}$
4	$55_{-0.100}^{0}$	$16_{-0.070}^{0}$	$40_{-0.100}^{0}$	$45_{-0.100}^{0}$	$19_{0}^{+0.150}$

练习内容	时间	材料	毛坯尺寸/mm	件数	工时
刨台阶面	3.5 h	HT150	75×60×65	1	210 min

2. 图纸分析

(1)偏刀的安装有什么要求?

(2)如何选择偏刀的切削用量?

(3)粗、精刨削要求是什么?

(4)如何进行测量?

任务准备

(1)常用工具:压板、压紧螺栓、平行垫块、斜垫铁、支撑板、挡铁、阶梯垫铁、V形架、螺丝撑、千斤顶、平口钳、内六角扳手、17~19 呆扳手、12″活络扳手和刨刀。

(2)润滑工具：润滑油枪和润滑油。

(3)设备准备：B6050 型刨床。

任务实施

一、偏刀的刃磨

(1)常用硬质合金台阶偏刀的几何形状如图 5-9 所示。

(2)高速钢偏刀可用粒度为 $46^\#\sim60^\#$ 的氧化铝砂轮一次完成粗、精磨。

(3)硬质合金偏刀刃磨的步骤如下：

①选择粒度为 $36^\#\sim46^\#$ 的氧化铝砂轮，刃磨刀体的后刀面和副后刀面，角度大于硬质合金刀片对应角的角度约 2°。

②选择粒度为 $46^\#\sim60^\#$ 的碳化硅砂轮粗磨后刀面。

③选择粒度为 $60^\#\sim80^\#$ 的碳化硅砂轮精磨后刀面和前刀面。

二、偏刀的安装

首先将刀架对准零线；再将抬刀板座扳转一定角度(15°~20°)，使抬刀板座的上端离开加工表面(见图 5-12)，保证刨刀回程抬刀时不碰伤已加工表面，减少刀具磨损(垂直面的高度小于 10 mm 时，可以不扳转抬刀板座)；最后安装偏刀，保证刀杆处于垂直位置，保证偏刀安装后角度没有变化，切削加工顺利进行，如图 5-13 所示。偏刀的伸出长度一般大于垂直面的高度或台阶的深度 15~20 mm，保证刀架与工件不相碰。

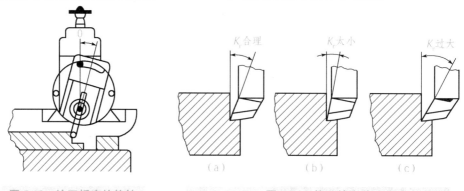

图 5-12 抬刀板座的偏转　　　　　图 5-13 偏刀的安装

(一)刨削垂直面

刨削垂直面的步骤如表 5-4 所示。

表 5-4　刨削垂直面的步骤

步骤	操作内容	备　注
1	划线	选择定位基准
2	装夹工件	
3	安装偏刀	对刀操作
4	调整机床	正确选择刀具和切削用量
5	选择切削用量	
6	对刀试切	试切操作
7	手动或机动进给，粗刨垂直面，L 为 $288_{-0.54}^{0}$ mm	
8	换刀，重新选择切削用量	选择刀具
9	精刨垂直面，L 为 $287.5_{-0.54}^{0}$ mm	刀具安装的操作过程
10	检验	
11	重新装夹工件	划线操作
12	粗刨平面，L 为 $285.5_{-0.54}^{0}$ mm	形位公差
13	换刀，重新选择切削用量	
14	精刨平面，L 为 $285_{-0.54}^{0}$ mm	表面粗糙度
15	检验	安全文明生产
注：L 为第 1 次刨削加工尺寸。		

(二)刨削台阶面

刨削台阶面的步骤如表 5-5 所示。

表 5-5　刨削台阶面的步骤

步骤	操作内容	备　注
1	安装刀具，机床调整，工件装夹，对刀试切	
2	采用平面加工方法粗、精刨 5 个关联平面，达到尺寸：B 为 $55_{-0.10}^{0}$ mm，L 为 $170_{-0.10}^{0}$ mm，H 为 $62.5_{-0.10}^{0}$ mm	
3	划出台阶线	
4	以底面为基准装夹工件，找正	
5	刨削顶面达到尺寸 H 为 $60_{-0.10}^{0}$ mm	
6	换右偏刀，粗刨左台阶，各留 1 mm 余量	
7	换左偏刀，粗刨右台阶，各留 1 mm 余量	
8	检验台阶面	
8	换刀，重新选择切削用量	表面粗糙度

步骤	操作内容	备 注
10	精刨左台阶面	形位公差
11	换刀精刨右台阶面，保证尺寸： L_1 为 $31_{-0.07}^{0}$ mm，H_1 为 $10_{0}^{+0.15}$ mm	机床维护保养
12	检验	安全文明生产

注：B，L，H，L_1，H_1 为第 1 次刨削加工尺寸。

【任务检测与总结】

1. 任务检测与反馈

对刨削质量进行检查评价，评分表如表 5-6 和表 5-7 所示。

表 5-6　刨垂直面质量评分表

刨床编号：　　　　　　姓名：　　　　　　学号：　　　　　　成绩：

序号	检查项目	配分	评分标准	自评结果	互评结果	得分
1	划线、装夹工件	10	正确			
2	装刀、对刀、试刀	10	正确			
3	粗刨垂直面	10	规范、正确			
4	精刨垂直面	10	正确			
5	粗刨平面	10	正确			
6	精刨平面	10	正确			
7	切削用量选择	10	正确			
8	测量	15	规范、正确			
9	安全文明生产	10	酌情扣分			
10	其他	5	清洁			

表 5-7　刨台阶面质量评分表

刨床编号：　　　　　　姓名：　　　　　　学号：　　　　　　成绩：

序号	检查项目	配分	评分标准	自评结果	互评结果	得分
1	划线、装夹工件	10	正确			
2	装刀、对刀、试刀	10	正确			
3	粗刨 5 个平面	15	规范、正确			
4	划台阶线、装夹找正	10	正确			
5	粗刨左右台阶面	10	正确			
6	精刨左右台阶面	10	正确			

序号	检查项目	配分	评分标准	自评结果	互评结果	得分
7	切削用量选择	10	正确			
8	测量	10	规范、正确			
9	安全文明生产	10	酌情扣分			
10	其他	5	清洁			

2. 任务总结

(1)刃磨偏刀注意事项。

①磨刀时要遵守操作规程和安全要求，当垂直面高度不超过 10 mm 时，可以不扳转抬刀板座。

②同一把刀具，粗刨时可偏转较大角度，而精刨时偏转角度小，或者在副切削处磨出修光刃。

③安装精刨刀时用透光法检查后夹紧，夹紧后必须复查，保证修光刃与垂直面平行。

(2)刨削注意事项。

当台阶浅而宽时，采用水平面刨削方法；当台阶深而窄时，采用垂直面刨削方法。

精刨台阶面时，注意台阶内连接面要清根，粗刨削不能过量。其他与前面刨削平面要求一致。

(3)任务完成情况小结(自评)。

【任务拓展练习】

拓展任务：刨削燕尾槽。

(1)粗、精刨削顶面。

(2)换刀，刨直角槽。

(3)粗、精刨左、右燕尾槽。

(4)在燕尾槽的内角和外角的夹角处切槽和倒角。

拓展任务准备：刨削燕尾槽的左右偏刀、B6050 型刨床一台、装夹工具等。

磨工实训

项目一

外圆磨床的操纵、保养及磨外圆

项目导引

(1)能够熟练操作外圆磨床。

(2)能够对外圆磨床进行日常的维护保养。

(3)学会砂轮安装、平衡、修整及选用。

(4)学会磨削外圆柱面。

任务一　外圆磨床的操纵和保养

任务要求

(1)进一步认识外圆磨床。

(2)掌握外圆磨床的润滑与保养要求。

(3)掌握外圆磨床的操纵方法。

任务分析

1. 任务细分

M1432A 型万能外圆磨床操纵系统如图 6-1 所示，熟练对其进行以下操作：

(1)停车操作。

(2)开车操作。

(3)外圆磨床的润滑。

(4)外圆磨床的日常保养。

2. 任务分析

(1)首先要了解 M1432A 型万能外圆磨床的结构，熟悉外圆磨床各部件的名称。

(2)了解外圆磨床的传动路线。

(3)停车对 M1432A 型万能外圆磨床进行手动工作台往复运动、砂轮架的横向进给移

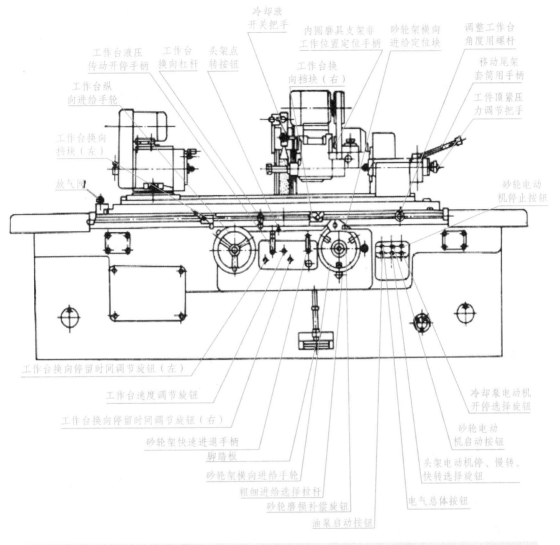

图 6-1 M1432A 型万能外圆磨床操纵系统

动、砂轮架粗细进给调整。

（4）开车对 M1432A 型万能外圆磨床进行砂轮的转动和停止、头架主轴的转动和停止、工作台的往复运动。

（5）熟悉 M1432A 型万能外圆磨床润滑系统。

（6）按照润滑要求，能对 M1432A 型万能外圆磨床各传动部位进行正确润滑和维护保养。

任务准备

（1）原材料准备：45#圆钢（φ50×150），1 段/生。

（2）工具和刀具准备：磨床常用工具、油枪等。

（3）设备准备：M1432A 型万能外圆磨床。

任务实施

一、相关任务工艺

(1)磨床的停车操作和启动操作。

(2)磨床的日常维护保养。

二、任务操作步骤

1. 停车操作

1)手动工作台纵向往复运动

顺时针转动工作台纵向进给手轮，工作台向右移动；逆时针转动工作台纵向进给手轮，工作台向左移动。手轮每转一周，工作台移动 6 mm。调整工作台换向挡块的位置，以调整工作台工作行程。

2)手动砂轮架横向进给移动

顺时针转动砂轮架横向进给手轮，砂轮架带动砂轮移向工件；逆时针转动砂轮架横向进给手轮，砂轮架向后退回远离工件。

3)砂轮架粗细进给调整

推进粗细进给选择拉杆时为粗进给，即砂轮架横向进给手轮每转过一周砂轮架移动 2 mm，每转过一小格砂轮架移动 0.01 mm；粗细进给选择拉杆拔出时为细进给，即砂轮架横向进给手轮每转过一周时砂轮架移动0.5 mm，每转过一个小格砂轮架移动 0.002 5 mm。

2. 开车操作

1)砂轮的转动和停止

按下砂轮电动机启动按钮，砂轮旋转。按下砂轮电动机停止按钮，砂轮停止转动。

2)头架主轴的转动和停止

转动头架电动机选择旋钮，可以使头架处于慢转位置、快转位置和停止位置。

3)工作台往复运动

按下油泵启动按钮，油泵启动并向液压系统供油，将工作台液压传动开停手柄置于开位置，工作台纵向移动；调整挡块的位置，可以调整工作台的行程长度；转动工作台速度调节旋钮，可以改变工作台的运行速度；转动工作台换向停留时间调节旋钮，调整工作台行至右或左端时的停留时间。

4)砂轮架横向快退与快进

转动砂轮架快速进退手柄，压紧行程开关使油泵启动，同时改变了换向阀阀芯的位置，使砂轮架横向快速移近工件或快速退离工件。

5)尾架顶尖的运动

脚踩脚踏板，使尾架顶尖缩进；松开脚踏板，使尾架顶尖伸出。

3. M1432A 型万能外圆磨床润滑

(1)M1432A 型万能外圆磨床的润滑如图 6-2 所示。

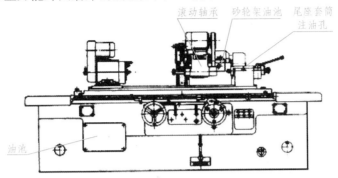

图 6-2 M1432A 型万能外圆磨床的润滑

(2)润滑要求。

①油池一半年更换一次液压油。

②对内圆磨具，滚动轴承每 500 h 更换一次锂基润滑脂。

③每三个月砂轮架油池更换一次润滑油，润滑油为 N2 精密机床主轴油。

④每班对尾座套筒注油孔加注一次机械油。

4. M1432A 型万能外圆磨床日常维护保养

①工作前后清理，检查机床。

②涂油防锈。

③人工润滑。

④定期更换冷却液。

⑤控制磨床工作温度。

⑥工件加工精度与机床相适应。

⑦操作中不碰撞、拉毛机床工作面和部件。

【任务检测与总结】

1. 任务检测与反馈

对磨床的操作、润滑和维护保养进行检查评价，评分表如表 6-1 所示。

表 6-1 磨床的操作、润滑和维护保养评分表

磨床编号：　　　　　　姓名：　　　　　　学号：　　　　　　成绩：

序号	检查项目	配分	评分标准	自评结果	互评结果	得分
1	磨床停车操作	30	规范、正确			
2	磨床开车操作	25	规范、正确			
3	磨床的润滑	10	正确			
4	磨床日常维护保养	20	规范、正确			

序号	检查项目	配分	评分标准	自评结果	互评结果	得分
5	安全文明生产	10	酌情扣分			
6	其他	5	清洁			

2. 任务总结

(1)任务注意事项。

①砂轮启动 2 min 后方能进行磨削。

②手动操作时双手动作要自然。

③调整行程时要认真仔细,并紧固挡块以免发生事故。

④尾架操作一定要在砂轮架退出、头架主轴停止后进行。

(2)任务完成情况小结(自评)。

【任务拓展练习】

拓展任务:M1432A 型万能外圆磨床的一级保养。

(1)磨床运行 600 h 后进行一级保养,以操作工人为主,维修工人配合,切断电源。

(2)外保养。

(3)磨头、砂轮座的保养。

(4)床头箱、尾架的保养。

(5)工作台的保养。

(6)液压润滑装置的检查保养。

(7)冷却装置的检查保养。

(8)电器的检查保养。

拓展任务准备:M1432A 型万能外圆磨床、30 号机械油、煤油、毛刷、棉布、油枪、油盘、润滑脂、一字批、内六角扳手、17～19 呆扳手、12″活络扳手和磨工常用工具等。

任务二　砂轮的平衡、安装及修整

🔧 任务要求

(1)了解砂轮平衡的方法,会进行平衡砂轮操作。

(2)熟悉砂轮安装的方法,正确安装砂轮。

(3)熟悉砂轮修整的方法,掌握修整砂轮的基本技能。

任务分析

1. 任务图

(1)砂轮的平衡，如图 6-3 所示。

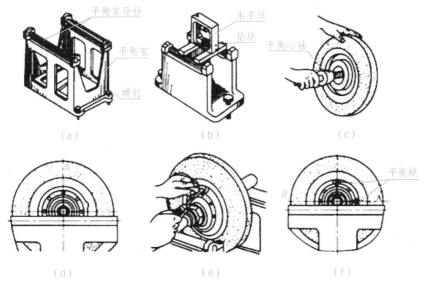

图 6-3 砂轮的平衡

(a)平衡架；(b)水平仪纵向位置调整平衡架；(c)砂轮安装平衡心轴；
(d)砂轮平衡方法；(e)安装平衡块；(f)平衡块的位置调整

(2)砂轮的安装，如图 6-4 所示。

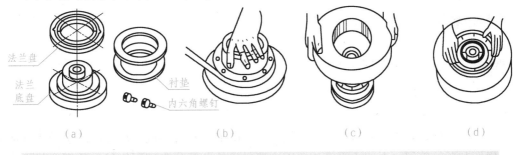

图 6-4 砂轮的安装

(a)法兰底盘；(b)法兰盘；(c)衬垫；(d)内六角螺钉

(3)砂轮的修整，如图 6-5 所示。

2. 分析

(1)首先要继续熟悉 M1432A 型万能外圆磨床的结构，熟悉外圆磨床各部件的名称。

(2)研究砂轮平衡的具体步骤。

(3)仔细检查砂轮质量并安装。

(4)掌握修整砂轮的技术。

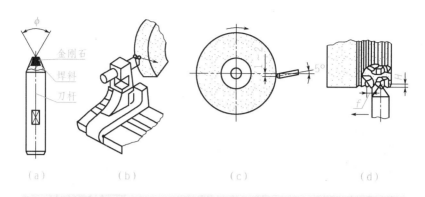

图 6-5 砂轮的修整

(a)金刚钻刀杆；(b)金刚钻安装在修整座上；(c)金刚钻与砂轮的角度；(d)修削过程

任务准备

(1)原材料准备：砂轮。

(2)工具和刀具准备：金刚钻、磨工常用工具和油枪等。

(3)设备准备：M1432A 型万能外圆磨床和平衡架等。

任务实施

一、相关任务工艺

砂轮的检查、安装、修整及平衡的要求。

二、任务操作步骤

1. 砂轮的平衡

不平衡的砂轮在高速旋转时会产生振动，影响加工质量和机床精度，严重时还会造成机床损坏和砂轮碎裂。引起不平衡的原因主要是砂轮各部分密度不均匀、几何形状不对称以及安装偏心等。因此在安装砂轮之前都要进行平衡，砂轮的平衡有静平衡和动平衡两种。一般情况下，只需做静平衡，但在高速磨削(速度大于 50 m/s)和高精度磨削时，必须进行动平衡。动平衡用动平衡机进行。

静平衡的步骤：

(1)用水平仪调整平衡架的导柱，使水平仪气泡在中间位置。

(2)安装平衡心轴至砂轮法兰底盘内，心轴的外锥面与砂轮法兰盘贴合至少 80% 的接触面，然后上紧螺母。

(3)将平衡心轴连同砂轮放在平衡架的导柱上，缓缓旋转砂轮。如不平衡，砂轮会来回摆动。待摆动停止，不平衡量应在砂轮下方，在下方所对应的上方做一记号。

（4）在对应部位装上第一块平衡块，并在其两侧装上两块平衡块。

（5）将做记号处转到水平位置。如平衡，它就不转；如不平衡，砂轮仍会摆动，按以上方法再调整，加平衡块，一直加到平衡为止。一般调整8个点砂轮就基本平衡了。

（6）平衡后，紧固各平衡块螺钉，从平衡架抬下砂轮，拆下平衡心轴，平衡结束，可把砂轮装上磨床使用。

2. 砂轮的安装

（1）因为砂轮在高速旋转条件下工作，使用前应仔细检查，一手托住砂轮，另一手拿锤轻轻敲击，如发出嘶哑声则表明有裂纹，不能安装；若发出清脆的声音，表明无裂纹，可以安装使用。安装必须牢靠，并应经过静平衡调整，以免造成人身和质量事故。

（2）砂轮内孔与砂轮轴或法兰盘外圆之间不能过紧，否则磨削时受热膨胀，易将砂轮胀裂；也不能过松，否则砂轮容易发生偏心，失去平衡，以致引起振动。一般配合间隙为0.1～0.2 mm，高速砂轮间隙要小些。

（3）用法兰盘装夹砂轮时，两个法兰盘直径应相等，其外径应不小于砂轮外径的1/3。

（4）在法兰盘与砂轮端面间应用厚纸板或耐油橡皮等做衬垫，使压力均匀分布。

（5）按对角顺序逐步上紧内六角固定螺钉，螺钉的拧紧力不能过大，否则砂轮会破裂。注意紧固螺纹的旋向，应与砂轮的旋向相反，即当砂轮逆时针旋转时，用右旋螺纹，这样砂轮在磨削力作用下，将带动螺母越旋越紧。

3. 修整砂轮

在磨削过程中，砂轮的磨粒在摩擦、挤压作用下，其棱角逐渐磨圆变钝，或者在磨韧性材料时，磨屑常常嵌塞在砂轮表面的孔隙中，使砂轮表面堵塞，最后使砂轮丧失切削能力。这时，砂轮与工件之间会产生打滑现象，并可能引起振动和出现噪声，使磨削效率下降，表面粗糙度变差。同时由于磨削力及磨削热的增加，会引起工件变形并影响磨削精度，严重时还会使磨削表面出现烧伤和细小裂纹。此外，由于砂轮硬度的不均匀及磨粒工作条件的不同，使砂轮工作表面磨损不均匀，各部位磨粒脱落多少不等，致使砂轮丧失外形精度，影响工件表面的形状精度及粗糙度。凡遇到上述情况，砂轮就必须进行修整，切去表面上一层磨料，使砂轮表面重新露出光整锋利的磨粒，以恢复砂轮的切削能力与外形精度。

4. 砂轮修整步骤

（1）采用金刚钻来车削砂轮表面，先选择颗粒大一点的金刚钻镶焊在特制刀杆顶端，金刚钻尖角磨成70°～80°。

（2）将刀杆安装在修整座上，安装的角度为5°～10°，高度低于砂轮中心1～2 mm，安装要牢固，金刚钻的尖角对准砂轮，保持极小接触面。

（3）开动机床，砂轮旋转，打开切削液，冷却金刚钻头，调整背吃刀量。

（4）根据加工要求选择修整量。

（5）修整层厚度为0.1 mm时，停机，砂轮即可恢复磨削性能。

（6）对修整的砂轮校正平衡。

【任务检测与总结】

1. 任务检测与反馈

对砂轮的平衡、安装及修整进行检查评价，评分表如表6-2所示。

表6-2　砂轮的平衡、安装及修整评分表

磨床编号：　　　　　　姓名：　　　　　　学号：　　　　　　成绩：

序号	检查项目	配分	评分标准	自评结果	互评结果	得分
1	砂轮的平衡	30	规范、正确			
2	砂轮的安装	30	规范、正确			
3	砂轮的修整	25	正确			
4	安全文明生产	10	酌情扣分			
5	其他	5	清洁			

2. 任务总结

(1)任务注意事项。

①因为砂轮在高速旋转条件下工作，使用前应仔细检查，不允许有裂纹。

②砂轮的孔径与法兰底盘轴径配合间隙应有 0.1～0.2 mm 的安装间隙，安装时不要太紧，也不能太松。

③砂轮和法兰盘之间应放上橡胶、软纸板或毛毡一类的衬垫，衬垫厚度一般为 1 mm 左右。

④注意紧固螺纹的旋向，应与砂轮的旋向相反，即当砂轮逆时针旋转时，用右旋螺纹，这样砂轮在磨削力作用下将带动螺母越旋越紧。

⑤一般直径大于 125 mm 的砂轮都要进行平衡，使砂轮的重心与其旋转轴线重合。

(2)任务完成情况小结(自评)。

【任务拓展练习】

拓展任务：

(1)对砂轮进行动平衡试验。

(2)了解自动平衡的原理。

(3)了解自动平衡装置的结构。

拓展任务准备：动平衡机一台、砂轮一个及装夹工具等。

任务三　磨削外圆柱

任务要求

(1)掌握用双顶尖装夹工件磨削外圆柱的方法。

（2）掌握磨削用量的选择。

（3）掌握砂轮的选用。

（4）掌握外圆磨削时零件的测量方法。

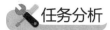 任务分析

1. 任务细分

（1）双顶尖工件的装夹，如图 6-6 所示。

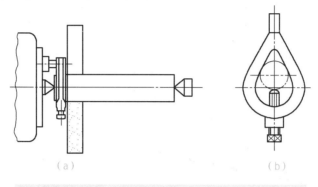

（a）　　　　　　　　　　　　　（b）

图 6-6　双顶尖装夹工件

（2）磨削外圆柱的操作过程，最终达到图 6-7 所示的要求。

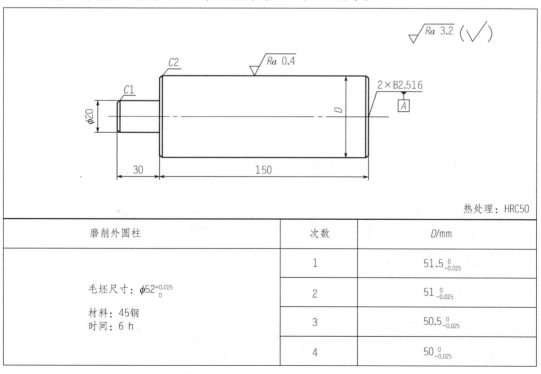

磨削外圆柱		次数	D/mm
毛坯尺寸：$\phi 52^{+0.025}_{0}$ 材料：45钢 时间：6 h		1	$51.5^{0}_{-0.025}$
		2	$51^{0}_{-0.025}$
		3	$50.5^{0}_{-0.025}$
		4	$50^{0}_{-0.025}$

图 6-7　磨削外圆柱零件图

2. 任务分析

掌握常用双顶尖装夹工件的方法。装夹时，利用工件两端中心孔的锥面使工件支撑在前、后顶尖的锥面上，形成工件的旋转轴线。工件由头架的拨盘和拨杆带动鸡心夹头旋转。这种装夹比较方便、定位精度也高。除此之外，还有用卡盘、心轴及卡盘和顶尖等装夹工件的方法。根据零件图 6-7 所示的要求，零件磨削前要钻中心孔。

装夹工件以后进行磨削，注意切削用量的选择及测量方法。外圆磨削的方法有纵向磨削法、切入磨削法、分段磨削法和深度磨削法等。

根据零件的形状(见图 6-7)，磨削外圆柱采用纵向磨削法。

任务准备

(1)原材料准备：45#圆钢($\phi50\times150$)，1 段/生。

(2)工具和刀具准备：磨工常用工具和油枪等。

(3)设备准备：M1432A 型万能外圆磨床。

任务实施

磨削外圆柱零件的步骤：

(1)工件的装夹。

检查毛坯尺寸符合要求，用双顶尖装夹工件，装夹时，利用工件两端中心孔的锥面使工件支撑在前、后顶尖的锥面上，形成工件的旋转轴线。工件由头架的拨盘和拨杆带动鸡心夹头旋转。

(2)开动磨床，使砂轮和工件旋转，将砂轮慢慢靠近工件的外圆，打开切削液，调整磨削背吃刀量，使工作台纵向进给进行一次试磨。砂轮的磨削速度为 35 m/s，工件的圆周进给速度取 20 m/s。

(3)测量工件尺寸，调整横向进给量，用纵向磨削法进行粗磨，选择 $a_p=0.025$ mm，$f=0.4$ mm/r。

(4)测量工件尺寸，调整横向进给量，用纵向磨削法进行精磨，选择 $a_p=0.01$ mm，$f=0.6$ mm/r。

(5)精磨到尺寸后停止径向进给，继续纵向磨削 1～2 次，关切削液，停机。

(6)检查工件尺寸及表面质量，合格后卸下工作，保证 $D_{-0.54}^{0}$，$Ra\ 0.4\ \mu m$。

【任务检测与总结】

1. 任务检测与反馈

对磨削外圆柱零件进行检查评价，评分表如表 6-3 所示。

表 6-3 磨削外圆柱零件评分表

磨床编号：　　　　姓名：　　　　学号：　　　　成绩：

序号	检查项目	配分	评分标准	自评结果	互评结果	得分
1	工件的装夹	30	规范、正确			

续表

序号	检查项目	配分	评分标准	自评结果	互评结果	得分
2	工件的粗磨削测量方法	30	规范、正确			
3	工件的精磨削测量方法	25	正确			
4	安全文明生产	10	酌情扣分			
5	其他	5	清洁			

2. 任务总结

(1)任务注意事项。

①磨削操作前先检查机床运转是否正常，磨床空运转一段时间后再进行操作。

②磨削时，要注意中心孔的保护和及时修研。

③磨削时要及时测量。

④操作时要集中精力，以免发生事故。

⑤磨削结束无火花时，还要光磨 2～3 次。

(2)任务完成情况小结(自评)。

【任务拓展练习】

拓展任务：

(1)无心磨削。

(2)无心磨削有贯穿法和切入法。

拓展任务准备：M1432A 型万能外圆磨床、零件和装夹工具等。

项目二

平面磨床的操纵及磨削平面

项目导引

(1)能够熟练操作平面磨床。

(2)能够对平面磨床进行日常的维护保养。

(3)学会磨削平面和垂直面。

任务一 卧轴矩台平面磨床的操纵与调整

任务要求

(1)认识卧轴矩台平面磨床的基本结构。

(2)掌握平面磨床工作台的操作和调整。

(3)掌握平面磨床砂轮架的操作和调整。

任务分析

1. 任务图

M7120D 型平面磨床如图 6-8 所示。

2. 分析

(1)首先要了解 M7120D 型平面磨床的结构,熟悉 M7120D 型平面磨床各部件的名称。

如图 6-8 所示,M7120D 型平面磨床由床身、工作台、砂轮架、滑板、立柱、电器箱、电磁吸盘和液压操纵箱等部件组成。

(2)了解 M7120D 型平面磨床的传动路线。

(3)手动对 M7120D 型平面磨床进行操作。

(4)液压对 M7120D 型平面磨床进行操作。

(5)熟悉 M7120D 型平面磨床润滑系统,进行润滑。

(6)对 M7120D 型平面磨床进行日常的维护保养。

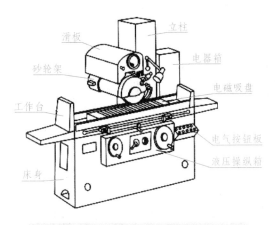

图 6-8   M7120D 型平面磨床

任务准备

(1)工具和刀具准备：磨工常用工具和油枪等。

(2)设备准备：M7120D 型平面磨床。

任务实施

1. M7120D 型平面磨床的操作及调整

M7120D 型平面磨床的外观如图 6-9 所示。

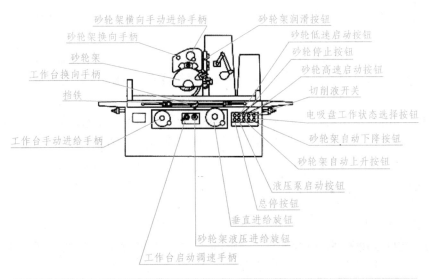

图 6-9   M7120D 型平面磨床外观

1）工作台的手动操作

逆时针扳动工作台启动调速手柄，使工作台从快到慢直线往复运动；顺时针摇动工作台手动进给手柄，工作台向右移动。反之，工作台向左移动。

2）工作台的液压操作

调整工作台行程挡铁于两极限位置，按动液压泵启动按钮，启动液压泵，工作3 min后，顺时针扳动工作台启动调速手柄，使工作台从慢到快直线往复运动，扳动工作台换向手柄，使工作台往复换向2～3次，检查动作是否正常，使工作台自动换向运动。

3）砂轮架的进给

横向手动进给：将砂轮架液压进给旋钮调至中间停止位置，然后手摇砂轮架横向进给手轮。横向液动进给：向左转动砂轮架液压进给旋钮，使砂轮架从慢到快做连续进给；向右转动砂轮架液压进给旋钮，使砂轮在工作台纵向运动换向时做横向断续运动。垂直手动进给：向里推紧垂直进给手轮，摇动垂直进给手轮，砂轮架垂直上下移动。垂直自动进给：向外拉出垂直进给手轮，按动砂轮架自动上升按钮，砂轮架垂直上升，按动砂轮架自动下降按钮，砂轮架垂直下降。

4）砂轮启动与停止

启动液压泵，使砂轮得到充分润滑，在启动 3 min 左右后水银开关被顶起，线路接通。按砂轮启动按钮，使砂轮做低速旋转；正常后再按高速启动按钮，使砂轮做高速旋转；按砂轮停止按钮，使砂轮停止旋转。

2. M7120D 型平面磨床的日常维护保养

（1）工作前认真检查机床各部件的卫生，清扫工作台面、护罩等处的磨灰。清除集灰槽中的磨灰。

（2）检查操作手柄、开关、旋钮是否在正确位置，操纵是否灵活，安全装置是否安全、可靠。

（3）接通电源，检查砂轮是否松动，空车低速运转 2～3 min，并观察运转情况是否正常，如有异常应停机检查或报告。

（4）检查油标中液面指示高度是否合适，若油位不足，按规定加足润滑油。

（5）利用油枪为机床各润滑点加油，注意观察机床各运动部位有无润滑油，特别是导轨面，使之保持润滑良好，油路畅通。

（6）确认润滑通畅及良好、电气系统以及各部位运转情况，正常后方可开始工作。

（7）工作后，清理、打扫、磨床工作台表面加润滑油，清洁工、夹、量具，各部件归位。

【任务检测与总结】

1. 任务检测与反馈

对 M7120D 型平面磨床的操作、润滑和维护保养进行检查评价，评分表如表 6-4 所示。

表 6-4　M7120D 型平面磨床的操作、润滑和维护保养评分表

磨床编号：　　　　　　姓名：　　　　　　学号：　　　　　　成绩：

序号	检查项目	配分	评分标准	自评结果	互评结果	得分
1	工作台的手动操作	20	规范、正确			
2	工作台的液压操作	20	规范、正确			
3	砂轮架的进给	15	规范、正确			
4	砂轮的启动与停止	10	规范、正确			
5	磨床的润滑	10	正确			
6	磨床日常维护保养	10	规范、正确			
7	安全文明生产	10	酌情扣分			
8	其他	5	清洁			

2. 任务总结

(1)任务注意事项。

①启动机床前应检查机床是否正常。

②砂轮架在工作前应先进行润滑(每班两次)。

③砂轮架在自动下降时，应防止因惯性而使砂轮撞到工件。

④机床靠液动操作时，手动操作应脱开。

(2)任务完成情况小结(自评)。

【任务拓展练习】

拓展任务：对 M7120D 型平面磨床进行一级保养。

磨床运行 600 h 后进行一级保养，以操作工人为主，维修工人配合，切断电源。

(1)外保养。

(2)传动导轨保养。

(3)磨头主轴保养。

(4)液压系统、润滑油、润滑脂和冷却液的检查。

(5)电气系统的保养。

拓展任务准备：M7120D 型平面磨床、30 号机械油、煤油、毛刷、棉布、油枪、油盘、润滑脂、一字批、内六角扳手、17~19 呆扳手、12″活络扳手和磨工常用工具等。

任务二　磨削六面体

任务要求

(1)熟悉工件在平面磨床上的安装和调整。

(2)了解平面磨削的方式和特点。

(3)掌握在平面磨床上磨削平行面及垂直面的加工方法及步骤。

(4)掌握量具的正确使用和测量方法。

任务分析

1. 任务图纸

按图 6-10 所示要求磨削六面体。

2. 任务分析

(1)分析磨削六面体的图纸。

(2)进一步熟悉 M7120D 型平面磨床并熟练进行手动操作。

(3)液压操作。

(4)砂轮架的进给运动，了解磨削的方法和特点，进行六面体的磨削。

(5)六个面都有平行度和垂直度的要求，在磨削过程中要注意测量，以保证达到图纸要求。

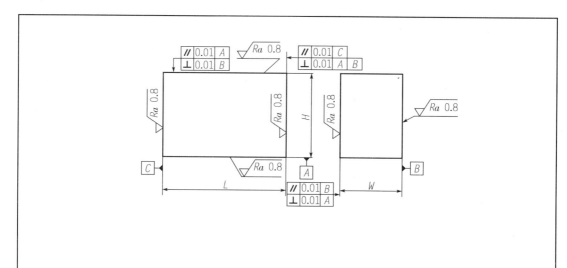

磨削六面体	次数	L/mm	H/mm	W/mm
	1	80±0.01	75±0.01	50±0.01
毛坯尺寸：81×76×51 材料：45钢 时间：4 h	2	79±0.01	74±0.01	49±0.01
	3	78±0.01	73±0.01	48±0.01
	4	77±0.01	72±0.01	47±0.01

图 6-10　磨削六面体

任务准备

(1)原材料准备：六面体毛坯(81 mm×76 mm×51 mm)。

(2)工具和刀具准备：磨工常用工具和油枪等。

(3)设备准备：M7120D 型平面磨床。

任务实施

一、相关任务工艺

1. 工件的装夹方法

平面磨削时一般采用电磁吸盘紧固工件。

2. 平面磨削的方式及特点

(1)周边磨削，又称为圆周磨削，是用砂轮圆周面进行磨削的。其特点是冷却和排屑较好；砂轮与工件接触面积小，磨削力和磨削热小；适用于精磨各种工件的平面；磨削时是间断进给运动，生产效率低。

(2)端面磨削，就是用砂轮的端面进行磨削。其特点是砂轮主要承受轴向力，变形较小；砂轮与工件接触面积大，生产效率高，但磨削热较大；冷却与排屑不方便；适用于磨削精度不高且形状简单的工件。

(3)周边＋端面磨削，它同时用砂轮的圆周和端面对工件进行磨削。其特点是砂轮圆周与端面同时与工件表面接触，磨削条件差，磨削热较大；砂轮磨削进给量不宜过大，生产效率不高；适用于磨削台阶深度不大的工件。

3. 六面体的加工方法

六面体的加工方法主要有横向磨削法、深度磨削法及台阶磨削法三种。

砂轮主轴平行于工作台台面，工件安装在矩形电磁吸盘上，并随工作台做纵向往复直线运动；砂轮高速旋转并做间歇的横向移动，在工件表面磨去一层后，砂轮反向移动，同时做一次垂向进给，直至将工件磨至所需尺寸。

二、任务操作步骤

(1)零件装夹。

磨削平面，一般采用电磁吸盘紧固工件；磨削垂直面，工件装夹时要保证相邻两平面的垂直度要求，常用导磁直角铁装夹、精密平口钳装夹及精密角铁装夹。

(2)磨削六面体的操作步骤。

采用横向磨削法：

①将工件放到电磁吸盘台面上，通电吸紧。

②调整工作台行程挡铁，修整砂轮。

③以 B 面为定位基准，粗、精磨对面，磨出即可。粗磨时，横向进给量为(0.1~0.4)B/双行程(B 为砂轮宽度)，垂直进给量为 0.015~0.030 mm；精磨时，横向进给量为(0.05~0.10)B/双行程，垂直进给量为 0.005~0.010 mm。

④翻转工件粗、精磨 B 面至图样要求。

⑤清理工作台和角铁，以 B 面为定位基准将工件装夹在精密角铁上，找正 A 面，粗、精磨此面，磨出即可，保证 A 面和 B 面的垂直度误差在 0.01 mm 之内。

⑥将工件翻转 90°，以 B 面为定位基准将工件装夹在精密角铁上，找正 C 面，然后粗、精磨此面，磨出即可。

⑦以 A 面为定位基准，用电磁吸盘装夹，粗、精磨 A 面对面的平面至图样要求。

⑧以 C 面为定位基准，用电磁吸盘装夹，粗、精磨 C 面对面的平面至图样要求。

⑨去剩磁，关切削液，关机；取下工件，去毛刺。

⑩测量检验。

(4)对 M7120D 型平面磨床进行润滑和维护保养。

【任务检测与总结】

1. 任务检测与反馈

对 M7120D 型平面磨床磨削六面体进行检查评价，评分表如表 6-5 所示。

表 6-5　M7120D 型平面磨床磨削六面体评分表

磨床编号：　　　　　姓名：　　　　　学号：　　　　　成绩：

序号	检查项目	配分	评分标准	自评结果	互评结果	得分
1	工作台的操作	10	规范、正确			
2	工件的安装	10	规范、正确			
3	六面体的磨削	25	正确			
4	六面体的测量	25	正确			
5	磨床的润滑	10	正确			
6	安全文明生产	10	酌情扣分			
7	其他	10	清洁			

2. 任务总结

(1)任务注意事项。

①工件装夹完成后，应用手拉动，检查工件的牢固度。

②要对工件六个面进行磨削，因而其磨削顺序不能颠倒，一般先磨厚度最小的两平面，其次磨厚度较大的垂直平面，最后磨厚度最大的垂直平面。

③砂轮不能全部越出工件后换向，以免塌角。

④磨削结束后应将电磁吸盘台面擦净，并用盖板遮盖。

(2)任务完成情况小结(自评)。

【任务拓展练习】

拓展任务：熟悉普通内圆磨床的结构和工作原理；会进行停车操作、开车操作；能够磨削简单的内圆零件；会进行内圆磨床的润滑和日常保养。

拓展任务准备：普通内圆磨床、30 号机械油、煤油、毛刷、棉布、油枪、油盘、润滑脂、一字批、内六角扳手、17～19 呆扳手、12″活络扳手和磨工常用工具等。

参 考 文 献

［1］禹加宽.金属加工与实训［M］.北京：机械工业出版社，2011.

［2］米国发.金属加工工艺基础［M］.北京：冶金工业出版社，2011.

［3］金国砥.金属加工与实训（钳工实训）［M］.北京：中国铁道出版社，2011.

［4］阳辉.金属压力加工实习与实训教程［M］.北京：冶金工业出版社，2011.

［5］刘冰洁.铣工技能训练（机械类）［M］.北京：中国劳动社会保障出版社，
　　2012.

［6］薛源顺.磨工（初级）（第2版）［M］.北京：机械工业出版社，2012.

［7］中国就业培训技术指导中心.铣工（初级）［M］.北京：中国劳动社会保障出版社，
　　2013.

［8］天津市第一机械工业局.刨工必读［M］.北京：机械工业出版社，2014.

［9］杨冰.钳工基本技能项目教程［M］.北京：机械工业出版社，2016.

［10］王兵，吴素珍.金属加工实训教程［M］.武汉：华中科技大学出版社，2017.

［11］李会荣.金属切削加工技术实训教程［M］.西安：西安电子科技大学出版社，
　　　2017.